Addisu Workiye

Materiais compostos de argila de caulinite para aplicações industriais

Addisu Workiye

Materiais compostos de argila de caulinite para aplicações industriais

ScienciaScripts

Imprint
Any brand names and product names mentioned in this book are subject to trademark, brand or patent protection and are trademarks or registered trademarks of their respective holders. The use of brand names, product names, common names, trade names, product descriptions etc. even without a particular marking in this work is in no way to be construed to mean that such names may be regarded as unrestricted in respect of trademark and brand protection legislation and could thus be used by anyone.

Cover image: www.ingimage.com

This book is a translation from the original published under ISBN 978-620-2-30066-7.

Publisher:
Sciencia Scripts
is a trademark of
Dodo Books Indian Ocean Ltd. and OmniScriptum S.R.L publishing group

120 High Road, East Finchley, London, N2 9ED, United Kingdom
Str. Armeneasca 28/1, office 1, Chisinau MD-2012, Republic of Moldova, Europe
Managing Directors: Ieva Konstantinova, Victoria Ursu
info@omniscriptum.com

Printed at: see last page
ISBN: 978-620-8-38072-4

Conteúdo

CAPÍTULO 1

1. INTRODUÇÃO

1.1 Material compósito

Muitas das nossas tecnologias modernas requerem materiais com combinações invulgares de propriedades que não podem ser satisfeitas pelas ligas metálicas, cerâmicas e materiais poliméricos convencionais. Material compósito, substância que é constituída por uma combinação de dois ou mais materiais diferentes. Um material compósito pode fornecer propriedades mecânicas e físicas superiores e únicas, porque combina as propriedades mais desejáveis dos seus constituintes, ao mesmo tempo que suprime as suas propriedades menos desejáveis. Os materiais compósitos são normalmente constituídos por fibras sintéticas incorporadas numa matriz, um material que envolve e está firmemente ligado às fibras. O tipo de material compósito mais utilizado é o compósito de matriz polimérica (PMC). Os PMCs consistem em fibras feitas de um material cerâmico, como o carbono ou o vidro, incorporadas numa matriz de plástico. Normalmente, as fibras constituem cerca de 60 por cento do volume de um compósito de matriz polimérica. As matrizes metálicas ou cerâmicas podem ser substituídas pela matriz plástica para fornecer sistemas compósitos mais especializados denominados compósitos de matriz metálica (MMCs) e compósitos de matriz cerâmica (CMCs), respetivamente.

1.1.2 Material argiloso

A argila é a principal matéria-prima na indústria cerâmica tradicional e um ingrediente importante em produtos cerâmicos avançados. Por exemplo, a argila é utilizada como matéria-prima em muitos sectores industriais, como a cerâmica, o papel e as tintas. As suas aplicações estão intimamente dependentes da sua estrutura, composição e propriedades físicas. Este ingrediente barato, encontrado naturalmente em grande abundância, é frequentemente utilizado tal como foi extraído, sem qualquer melhoria da qualidade. Outra razão para a sua popularidade reside na facilidade com que os produtos de argila podem ser moldados; quando misturados nas proporções corretas, a argila e a água formam uma massa plástica que é muito suscetível de ser moldada. A peça formada é seca para remover alguma da humidade, após o que é cozida a uma temperatura elevada para melhorar a sua resistência mecânica.

Os minerais de argila desempenham dois papéis muito importantes nas massas cerâmicas. Em primeiro lugar, quando lhes é adicionada água, tornam-se muito plásticos, uma condição designada por hidroplasticidade. Esta propriedade é muito importante nas operações de conformação, como se verá mais adiante. Além disso, a argila funde-se numa gama de temperaturas; assim, é possível produzir uma peça cerâmica densa e forte durante a cozedura sem fusão completa, de modo a manter a forma desejada. Os aluminossilicatos são compostos de alumina (Al_2O_3) e sílica (SiO_2), que contêm água quimicamente ligada. Apresentam uma vasta gama de caraterísticas físicas da argila.

1.1.3. Composição química e estrutura das argilas

As impurezas comuns incluem compostos (geralmente óxidos) de bário, cálcio, sódio, potássio e ferro, e também alguma matéria orgânica. As estruturas cristalinas dos minerais de argila são relativamente complicadas; no entanto, uma caraterística predominante é uma estrutura em camadas. Os minerais de argila mais comuns que são de interesse têm o que é chamado de estrutura de caulinita. A argila caulinita [$Al_2(Si_2O_5)(OH)_4$] tem a estrutura cristalina mostrada na Figura 1. Quando a água é adicionada, as moléculas de água encaixam-se entre estas folhas em camadas e formam uma película fina à volta das partículas de argila. As partículas ficam assim livres para se moverem umas sobre as outras, o que explica a plasticidade resultante da mistura água-argila.

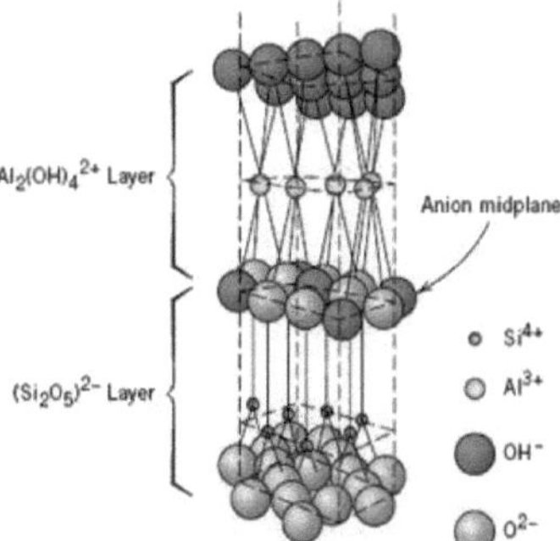

Fig 1: A estrutura da argila caulinita

Para além da argila, muitos destes produtos (em particular a louça branca) contêm também alguns ingredientes não plásticos; os minerais não argilosos incluem o sílex, ou quartzo finamente moído, e um fundente como o feldspato. O quartzo é utilizado principalmente como material de enchimento, sendo barato, relativamente duro e quimicamente não reativo. Sofre poucas alterações durante o tratamento térmico a alta temperatura porque tem uma temperatura de fusão elevada; no entanto, quando fundido, o quartzo tem a capacidade de formar um vidro.

Quando misturado com argila, um fundente forma um vidro que tem um ponto de fusão relativamente baixo. Os feldspatos são alguns dos fundentes mais comuns; são um grupo de materiais aluminossilicatos que contêm iões K^+, Na^+ e Ca^{2+}. Como seria de esperar, as alterações que ocorrem durante os processos de secagem e cozedura, bem como as caraterísticas da peça acabada, são influenciadas pelas proporções destes três constituintes: argila, quartzo e fundente. Uma porcelana típica pode conter aproximadamente 50% de argila, 25% de quartzo e 25% de feldspato. A argila contém partículas mais finas do que 0,002 mm.

1.1.4 Propriedades da argila

As argilas têm as seguintes propriedades;

> Pegajoso (adesão - adere a outras coisas)

> Plástico (coesão - adere a si próprio)

> Encolher-encher

> Grande área de superfície, devido às camadas e ao tamanho

> Capacidade de troca catiónica.

A geologia grosseira da argila é um material sedimentar com grãos mais pequenos do que 0,002 milímetros de diâmetro. Silicatos de camada fina, hidratados, que pertencem à classe maior de silicatos de folha conhecidos como filossilicatos (Clay Deposits of Ethiopia 2002Eth.C/2009)

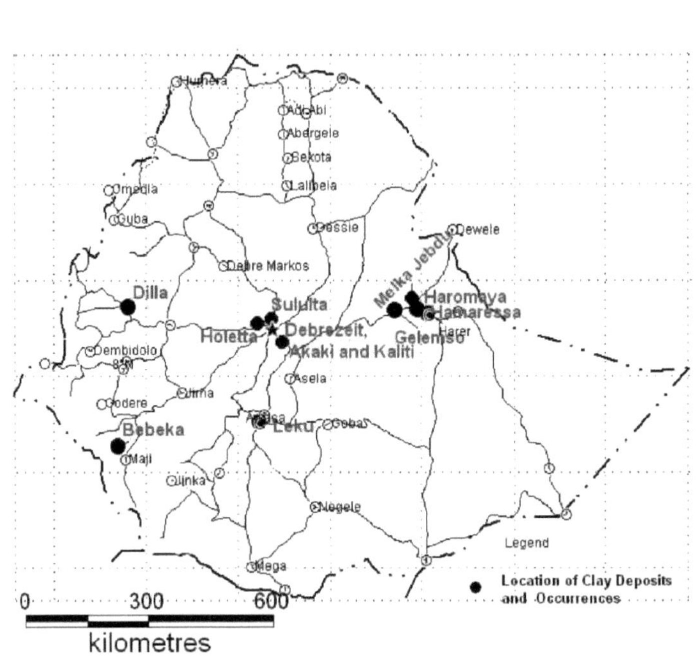

Figura 2. Mapa de localização dos depósitos de argila e ocorrência na Etiópia

Foram efectuadas muitas investigações sobre o desenvolvimento de materiais compósitos de argila para aplicação industrial, que podem proporcionar propriedades mecânicas e físicas únicas e superiores aos seus constituintes.

1.2. Antecedentes

É evidente que os avanços dos materiais têm sido a chave para avanços tecnológicos significativos ao longo da história da humanidade. Atualmente, estamos no meio de uma nova revolução desencadeada pelo aparecimento de materiais compósitos avançados. Esta nova classe de materiais caracteriza-se pelo casamento de componentes individuais bastante diversos que trabalham em conjunto para produzir capacidades que excedem as dos seus elementos separados. As suas propriedades únicas fazem deles os materiais para grandes avanços tecnológicos. Acredita-se que estes materiais serão fundamentais para o comércio económico no século XXI. O primeiro compósito feito na história foi utilizando argila e palha no Egito, há 3000 anos, para a construção de paredes. Na China, o cânhamo era o material de fibra natural utilizado para o fabrico de velas de barcos. Outras fibras naturais foram utilizadas de forma semelhante para várias aplicações. O conceito de reforçar o solo com fibras naturais teve origem em tempos antigos. Atualmente, a principal área de interesse é a identificação de um biocompósito que seja mais leve, biodegradável, amigo do ambiente, económico, orientado para o desempenho, com excelente resistência mecânica, elevada resistência à corrosão, dimensionalmente estável e também adequado para várias aplicações. Recentemente, os compósitos de fibras curtas naturais e sintéticas para solos têm atraído cada vez mais atenção nas aplicações industriais.

1.3. Metodologia

A investigação está a decorrer em todo o mundo para desenvolver novos materiais compósitos de argila com combinações variadas de fibras e cargas, de modo a torná-los utilizáveis em diferentes condições operacionais. Para preparar este relatório de seminário de doutoramento sobre o tema do material compósito de argila para aplicação industrial, foram analisadas diferentes revistas publicadas e os seus resultados e conclusões foram investigados para futuros trabalhos.

CAPÍTULO 2

2.1 Aplicação de material argiloso

Aderiye Jide, realizou uma investigação sobre pastilhas de travão de automóvel em cerâmica; as partículas de argila foram, por conseguinte, caracterizadas e desenvolvidas para pastilhas de travão de automóvel em cerâmica. A análise diferencial térmica (TDA), o difratómetro de raios X (XRD), a fluorescência de raios X (XRF), o espetrómetro de absorção atómica (AAS) e outras propriedades caraterísticas mostraram que as amostras de depósitos de argila eram de natureza plástica, o grupo do caulino era também rico em sílica e alumina. Mas, carateristicamente, tanto a retração na secagem como na cozedura eram relativamente elevadas para a utilização em pastilhas de travão. Por conseguinte, devem ser previstas tolerâncias de retração no fabrico de pastilhas de travão em cerâmica para veículos e na produção de produtos cerâmicos ou indústrias conexas. O material argiloso de aluminossilicato foi encontrado na região equatorial do estado de Ekiti, na Nigéria. A partir de Ijero-Ekiti, as amostras de argila refractária foram exploradas e transformadas em pastilhas de travão para automóveis.

Os depósitos foram especificamente beneficiados para cerâmica, peças de automóvel, materiais de revestimento de fricção e outras indústrias relacionadas devido à sua resistência térmica, ao choque, ao desgaste e ao custo do material. As argilas obtidas eram principalmente grãos finos terrestres naturais que eram partículas cristalinas embaladas juntas em forma sólida, mas não muito ligadas energeticamente. No entanto, os grãos de argila foram atraídos livremente com as suas formas de grãos redondos definidos. Estruturalmente, o caulino não absorve água como a argila laterítica (Aderiye, 2005, e Ahmed, 1986). As suas propriedades térmicas melhoram com a calcinação (Aniyi, 1985). Tecnicamente, o grupo de argilas do caulino pode, portanto, ser utilizado, devido à sua resistência ao calor, como matéria-prima industrial para material de revestimento por fricção em indústrias automóveis, refractários, produtos electrónicos, trabalhos técnicos e indústrias de fabrico de cerâmica (Aderiye, 2010).

2.2 MATERIAL COMPÓSITO DE ARGILA

2.2.1 Material compósito de matriz de vidro residual

Cinco argilas do estado de Ekiti foram examinadas, caracterizadas e tecnicamente utilizadas como enchimento de pastilhas de travão de veículos como partículas no desenvolvimento de compósitos de matriz de vidro devido à sua resistência ao choque térmico e ao desgaste nesta investigação. Caracteristicamente, as propriedades térmicas das amostras de caulino foram exploradas e investigadas principalmente entre as temperaturas de 1000 a 1400° C antes da sua utilização nas pastilhas de travão para automóveis produzidas experimentalmente. A argila de caulino foi explorada,

explorada e utilizada neste recente trabalho de investigação especificamente para pastilhas de travão de disco em cerâmica. O caulino de 45 mícrones acabou por ser utilizado como enchimento de partículas no compósito de matriz de vidro residual para a pastilha de travão de automóvel desenvolvida experimentalmente. A pureza do caulino, as dimensões das partículas do compósito e o pacote denso para a pastilha de travão foram os factores variáveis determinantes utilizados neste trabalho de investigação experimental

Hipoteticamente, as amostras de pastilhas de travão de cerâmica de grão maior também poderiam ser tecnicamente utilizadas em trabalhos de investigação posteriores. Além disso, foram colhidas oito amostras de 5 a 30 metros de profundidade em vários poços para evitar materiais estranhos indesejados. Especificamente, estas amostras foram examinadas e consideradas carateristicamente homogéneas em termos de composição física, mecânica, mineralógica e química. 30% dos materiais estranhos indesejados da argila refractária foram tecnicamente removidos com uma peneira acima de 45 microns, utilizando um método de peneiração húmida. 70 por cento da argila purificada com crivo inferior a 45 mícrones acabou por ser utilizada como material de argila refractária beneficiada. Após a purificação, a amostra de argila obtida foi finalmente calcinada a uma temperatura de 1500^0 C para estabilidade estrutural da argila e prevenção da contração excessiva da argila. O material de argila refractária foi finalmente transformado em vários lotes utilizando um modelo matemático.

A fórmula de composição do material utilizada baseou-se tecnicamente na gama de tamanhos de partículas de grãos (30 a 70 por cento) de grog ou argila calcinada; e a gama de tamanhos de partículas de argila beneficiada de 70 a 30 por cento como agente ligante, respetivamente. Posteriormente, as composições de materiais em lote foram misturadas de forma homogénea e devidamente calçadas num moinho de pugged antes de serem prensadas hidraulicamente com $1000kg/mm^2$ com um molde de aço concebido.

As pastilhas de travão para automóveis fabricadas foram testadas e consideradas adequadas para veículos ligeiros (automóveis) com uma eficiência de 80 por cento.

A argila de caulinite nigeriana Kankara também foi investigada pela sua disponibilidade e adequação como enchimento de reforço particulado; resistência ao calor e ao desgaste. Recentemente, foram descobertas pastilhas de travão altamente eficientes, mas com fibras de carbono dispendiosas e outros compósitos de carbono-carboneto de silício. Atualmente, todos estes compostos continuam a ser materiais muito caros para os veículos comerciais, exceto para as corridas desportivas e outros automóveis muito especiais. As funções das fibras de carbono foram, portanto, substituídas por argila para exames e expectativas. Alternativamente, o amianto também é considerado um material barato em termos de custo de produção e eficiência térmica. Legalmente, ainda é comercialmente aceite que as pastilhas dos travões dos automóveis possam conter amianto. No entanto, a argila, por ser saudável, mais barata e abundantemente disponível, amiga do ambiente para produção e capaz de desempenhar todas as funções necessárias de material de revestimento de fricção, é cientificamente investigada. Este estudo tem como objetivo desenvolver uma pastilha de travão para automóveis sem aspereza, ruído, vibração e com uma longa vida útil para os utilizadores de veículos A argila é saudável, mais barata, disponível e amiga do ambiente. Por conseguinte, os seus compostos podem ser utilizados a baixo custo como material de revestimento de fricção, se forem objeto de investigação. Os materiais e compostos cerâmicos são apresentados em diversas variedades de refractários para aquecimento e materiais isolantes. O estudo da sinterabilidade da argila de caulinite de Kankara deverá indicar se esta pode ser utilizada como material de enchimento de reforço particulado no desenvolvimento de pastilhas de travão para automóveis. Hipoteticamente, será a argila Kankara capaz de desempenhar as cinco principais funções necessárias para uma pastilha de travão de automóvel? Caracteristicamente, a argila Kankara da Nigéria seria, portanto, testada como material de enchimento, material aglutinante, material abrasivo, aumento do desempenho da travagem; redução da resistência ao desgaste e da aspereza dos rotores e tambores dos veículos.

A argila Kankara tinha mais de 95% das suas partículas finas entre uma unidade de microns e 75microns. Tem menos impurezas grossas e indesejadas. A argila beneficiada era mais plástica do que a argila crua. Enquanto a gama de caulino pode ser encontrada entre 70-90%, mesmo à temperatura de 12000C. Resultados da investigação eventualmente obtidos em todas as experiências Há uma elevada percentagem de óxido de alumínio e dióxido de silício. Estes óxidos refractários podem ser tecnicamente utilizados como material de revestimento de fricção devido às suas caraterísticas térmicas muito elevadas, a razões médicas, ao respeito pelo ambiente e a considerações económicas na produção de pastilhas de travão de disco para automóveis. Com base nos resultados obtidos neste trabalho de investigação, podem ainda ser efectuadas mais investigações sobre a argila Kankara nigeriana com outros materiais, como compostos de carbono em várias proporções. Existem também outras argilas cauliníticas nigerianas que requerem exames pormenorizados para materiais de revestimento de fricção e desenvolvimento de peças para veículos automóveis (Aigbodion, 2010). Por conseguinte, devem ser realizadas investigações intensivas para identificar estas argilas refractárias com as suas caraterísticas, propriedades e utilidade para as indústrias transformadoras nigerianas

2.2.2 Material compósito de argila/ferro

Sylvester O. Omole*, Abel A. Barnabas, John F. Akinfolarin etal Neste trabalho de investigação. Uma amostra de um depósito natural de argila foi moída num moinho de bolas até obter 150 microns e a sua composição foi determinada por espetroscopia de absorção atómica. 212 microns de limalha de ferro foram misturados com a argila em diferentes proporções e compactados para produzir 9 amostras, como se segue: amostra A 10 % de argila com 90 % de limalha de ferro,

B, 20 % de argila 80 % de limalha de ferro,

C, 30 % de argila 70 % de limalha de ferro,

D, 40 % de argila 60 % de limalha de ferro,

E, 50 % de argila 50 % de limalha de ferro,

F, 60 % de argila 40 % de limalha de ferro,

G, 70 % de argila 30 % de limalha de ferro,

H, 80 % argila 20 % limalha de ferro

I, 90 % de argila 10 % de limalha de ferro.

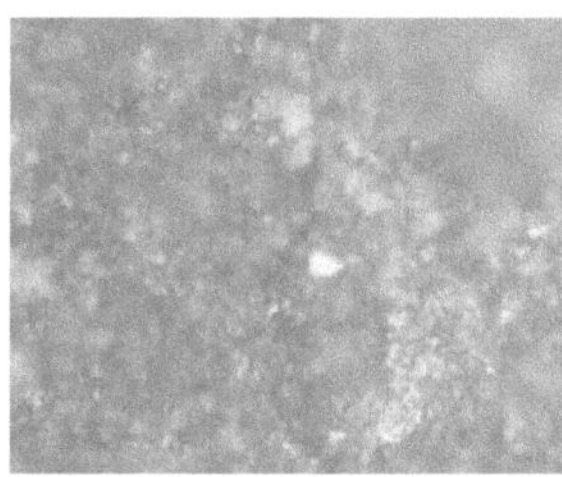

Figura 3,Amostra A com 10 % de argila

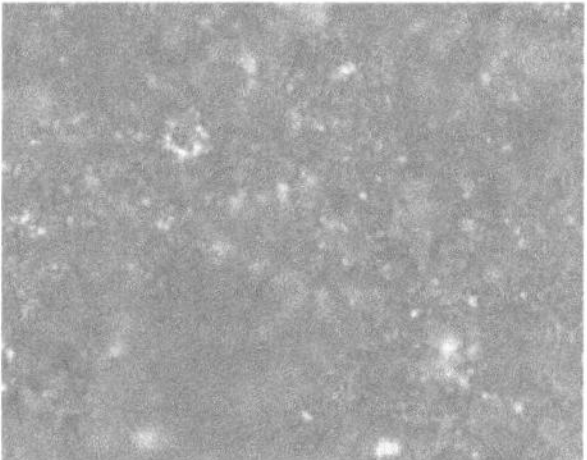

Figura 4 ,Amostra B com 20% de argila

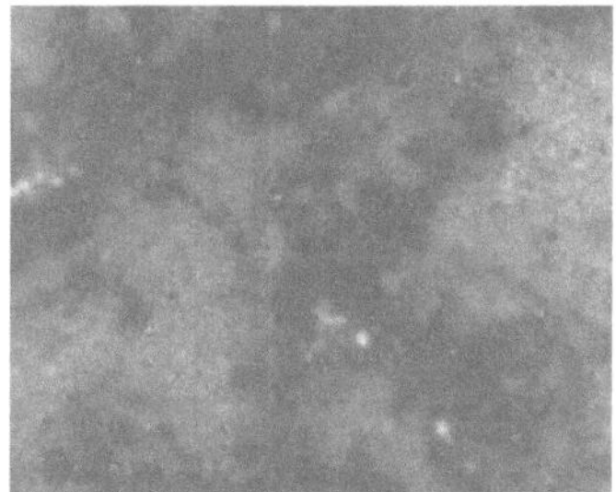

Figura 5, Sampel C 30% argila

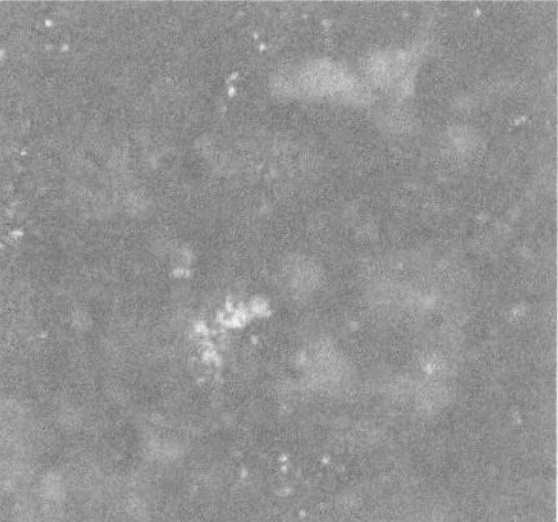

Figura 6, Amostra D 40% argila

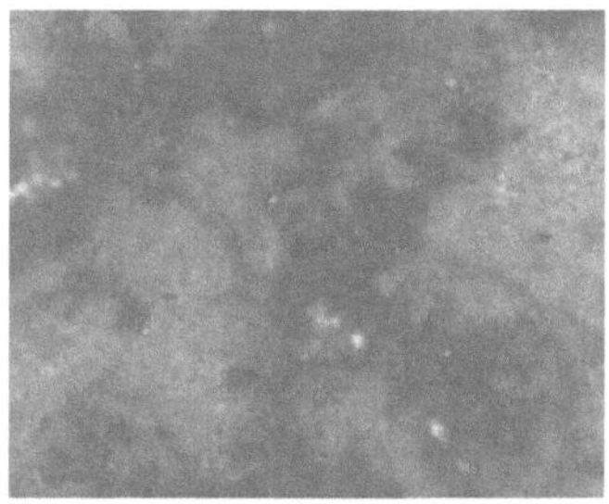

Figura 7, Sampel E50% argila

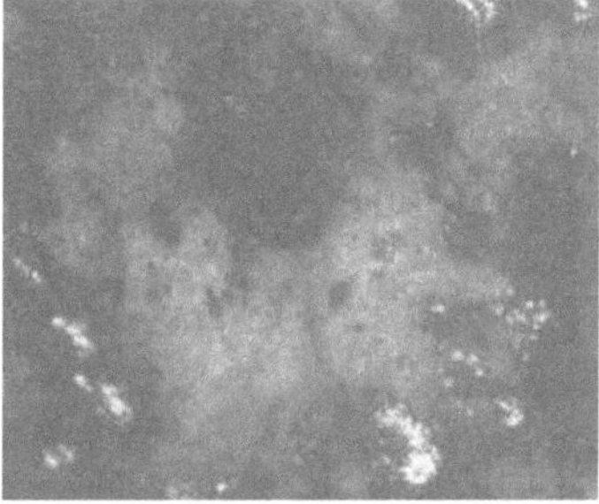

Figura 8, Sampel F 60% argila

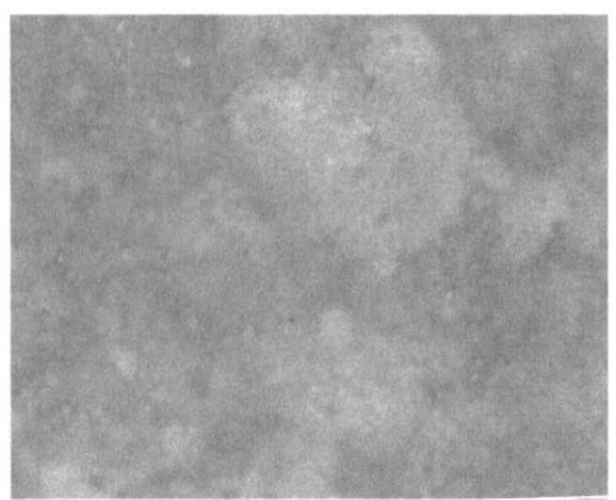

Figura 9,Sampel G 70% argila

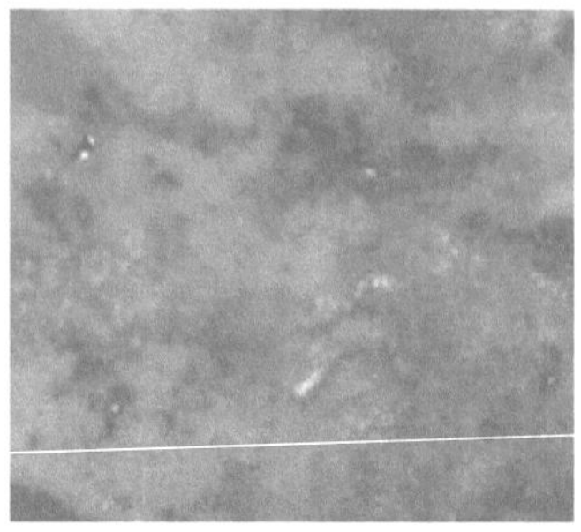

Figura 10, Amostra H 80% argila

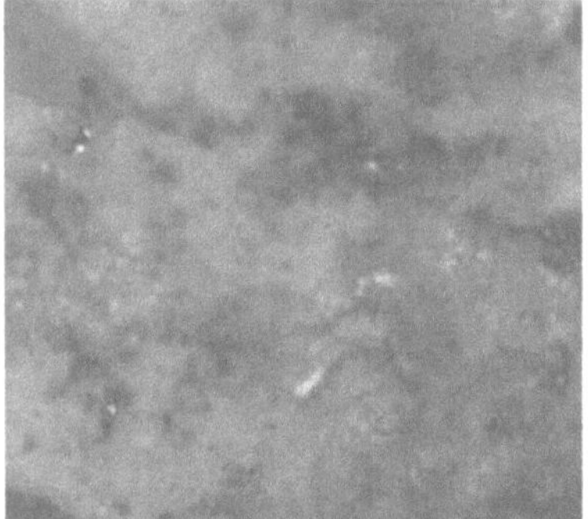

Figura 11, Sampel I 90% argila

As amostras comprimidas foram sinterizadas numa mufla a uma temperatura de 1000° C e mantidas durante 2 horas. Cada amostra foi analisada quanto à dureza, porosidade, resistência à compressão e resistência à abrasão. Os resultados óptimos para o ensaio acima referido foram obtidos quando o teor de argila não era superior a 60 %.

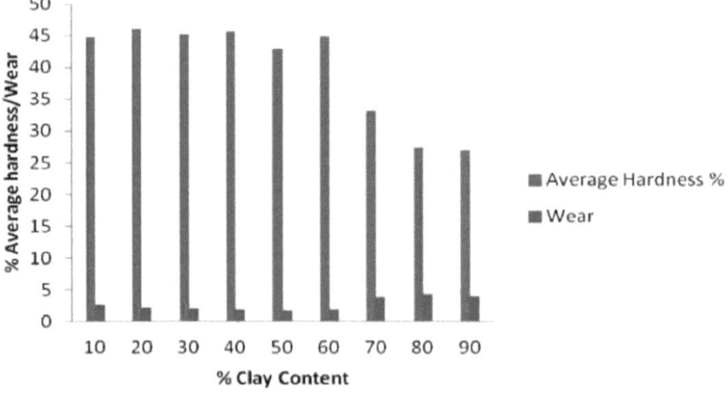

Figura 12, Dureza/desgaste médio com % de teor de argila

A partir do resultado dos testes, descobriu-se que as propriedades obtidas são uma combinação do surgimento das propriedades da argila e da limalha de ferro. Acima de 60 % de argila, as propriedades da argila dominam o produto. Isto é evidenciado pelo facto de a dureza média diminuir, a taxa de desgaste aumentar e a percentagem de porosidade também aumentar com mais de 60 % de argila. Este produto será útil em peças de automóveis e maquinaria que exijam elevada dureza e resistência ao desgaste, como as pastilhas e os revestimentos de travões de automóveis.

2.2.3 Material compósito argila/ferro cinzento

Ruth Matba Gadzamal*, U. A. A. Sullayman2, A. M. Ahuwan2, D. S. Yawaz3) etal neste estudo desenvolveram um material compósito cerâmico (CMC) para utilização como material refratário a partir de argila "Kankara" (caulino) como material de matriz misturado com ferro fundido cinzento (GCI) como reforço. As CMCs foram preparadas variando a percentagem em peso do ferro fundido cinzento utilizando 5, 10, 15, 20, 25, 30, 35, 40 e 45 wt%. Foram efectuados ensaios nos CMC desenvolvidos, utilizando técnicas de ensaio padrão, para determinar as propriedades físicas e mecânicas dos compósitos produzidos. A essência deste trabalho é desenvolver compósitos cerâmicos usando argila Kankara (caulim) como matriz e pó de ferro cinzento como reforço, que podem ser usados para a produção de mobiliário de forno que pode suportar altas temperaturas.

O estudo de caraterização da argila Kankara (caulino) e do pó de ferro cinzento foi realizado com sucesso. A produção de compósitos cerâmicos refractários utilizando a técnica da metalurgia do pó, variando a percentagem de pó de ferro cinzento de 5 a 45% em peso na argila de Kankara (caulino), é possível, com boas propriedades refractárias.

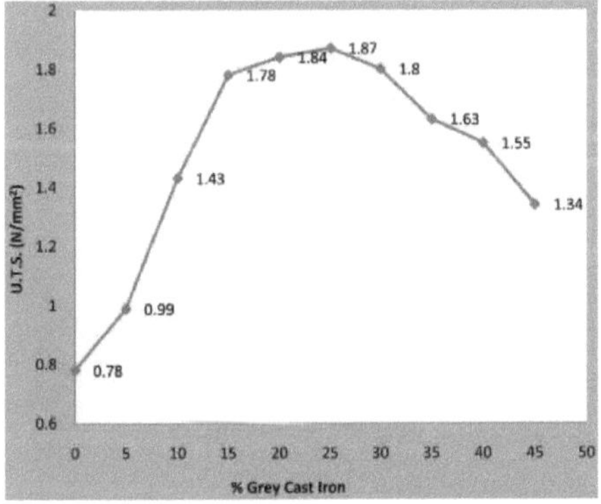

Figura 13. Variação da resistência à tração final com %GCI.

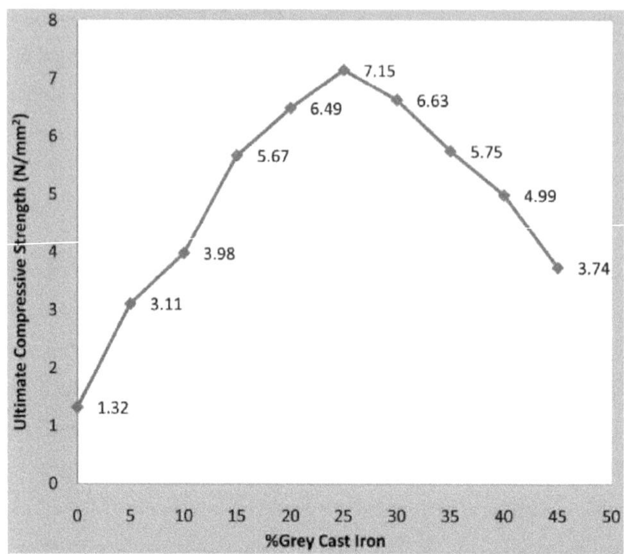

Figura 14. Variação da resistência à compressão com %GCI.

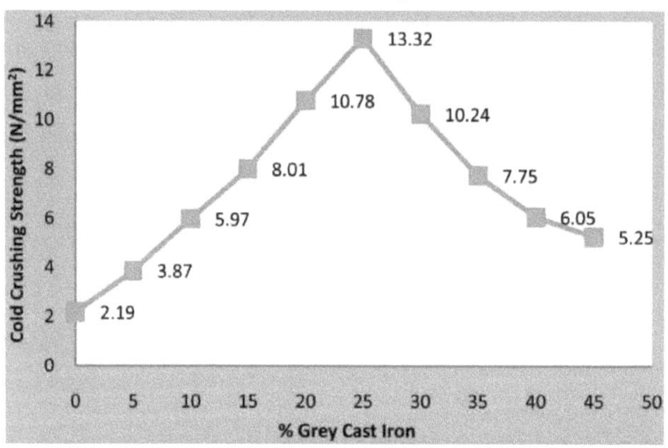

Figura 15. Variação da resistência ao esmagamento a frio com %GCI.

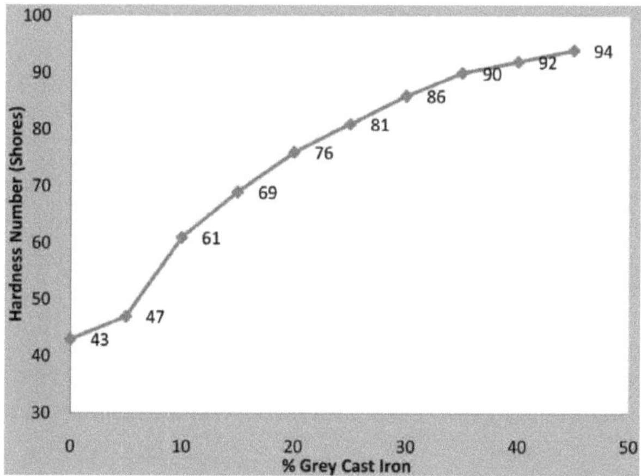

Figura 16. Variação do número de dureza com %GCI.

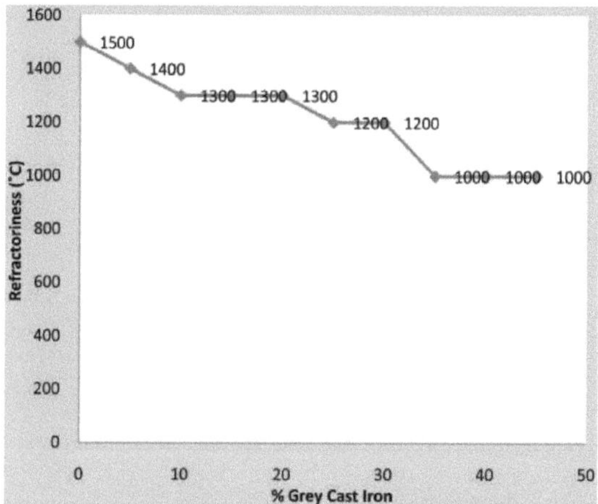

Figura 17. Variação da refratariedade com %GCI.

Os resultados dos ensaios de propriedades mecânicas de dureza, resistência ao esmagamento a frio, resistência à tração e resistência à compressão do compósito refratário desenvolvido mostram um aumento das propriedades mecânicas com o aumento do teor de ferro fundido cinzento até atingir um teor de 25% em peso. Após esta percentagem em peso, observa-se uma diminuição destas propriedades mecânicas.

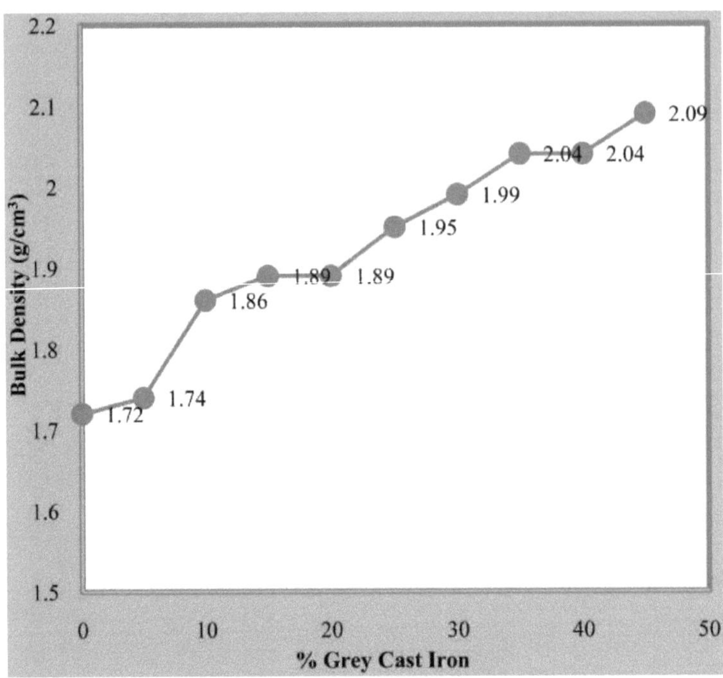

Figura 18. Variação da densidade aparente com o GCI

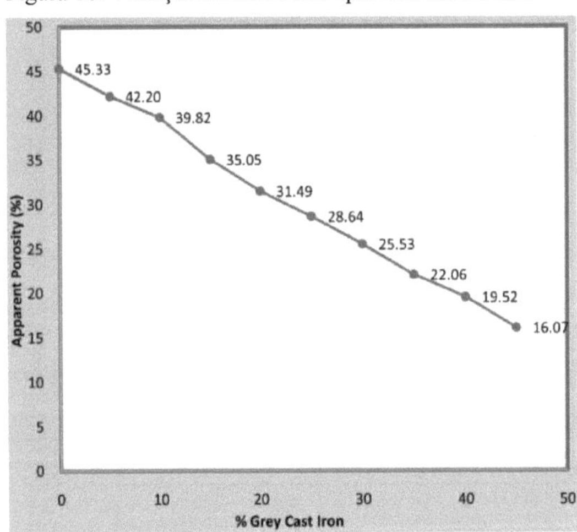

Figura 19. Variação da porosidade aparente com %GCI

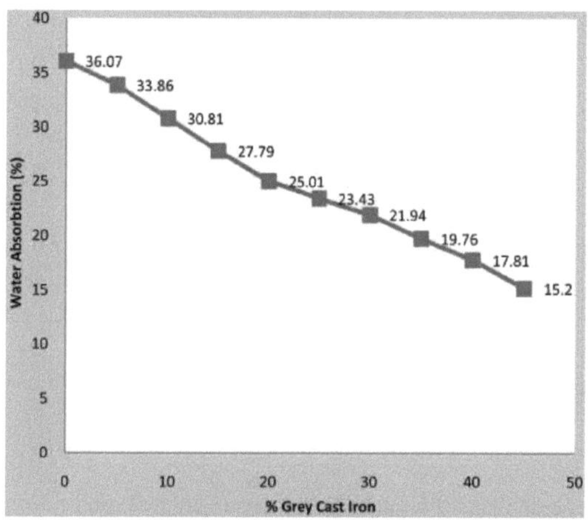

Figura 20. Variação da absorção de água com %GCI.

O resultado do ensaio das propriedades físicas de densidade aparente, porosidade, retração linear e absorção de água no refratário compósito desenvolvido mostra um aumento da densidade aparente com o aumento do teor de ferro fundido cinzento. No entanto, a porosidade, a contração linear e a absorção diminuem com o aumento do teor de ferro fundido cinzento. A análise microestrutural *(ou seja,* microscopia eletrónica de varrimento (SEM), difração de raios X (X-RD) e fluorescência de raios X (X-RF)) mostrou uma distribuição uniforme dos elementos do compósito. A utilização de argila kankara e de ferro fundido cinzento para a produção de refractários compósitos foi realizada com êxito, utilizando 25 wt% de ferro fundido cinzento desenvolvido em refractários compósitos. Observou-se que o compósito desenvolvido é plástico até um teor de ferro fundido cinzento de 25 wgt%

2.2.4 Compósito argila/polipropileno/polietileno

Samir Nassaf Mustafa, No seu trabalho, foram investigadas as propriedades mecânicas e de absorção de água de compósitos de mistura de polímeros de polipropileno (PP) e polietileno de baixa densidade (LDPE) em rácio constante (50/50) em função do teor de peso de pó de caulino no tamanho do grão (100,120 µm). O compósito de polímero foi fabricado misturando a mistura de polímero (PP\LDPE) com (0, 1, 3, 5, 10, 14) wt.% de pó de caulino para obter propriedades desejáveis

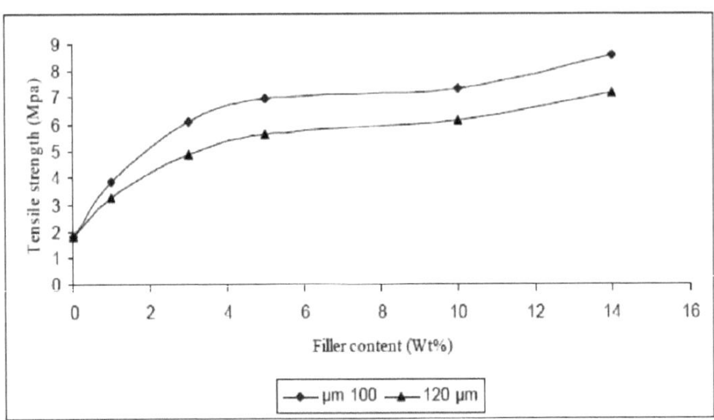

Figura 21,A relação entre a resistência à tração do PP/LDPE com a percentagem em peso do caulino para diferentes tamanhos de partículas.

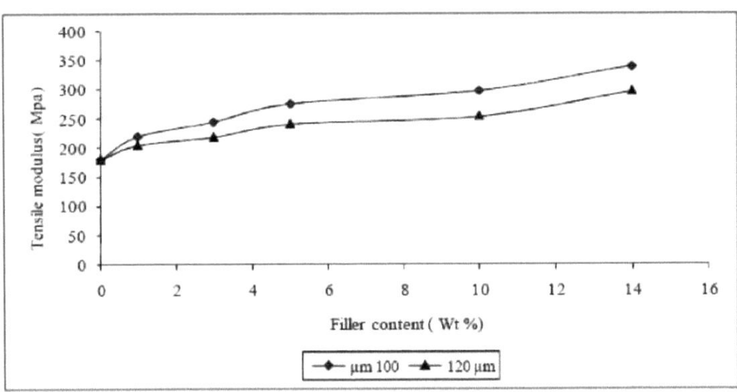

Figura 22: Relação entre o módulo de tração do PP/LDPE e a percentagem em peso de caulino para diferentes tamanhos de partículas

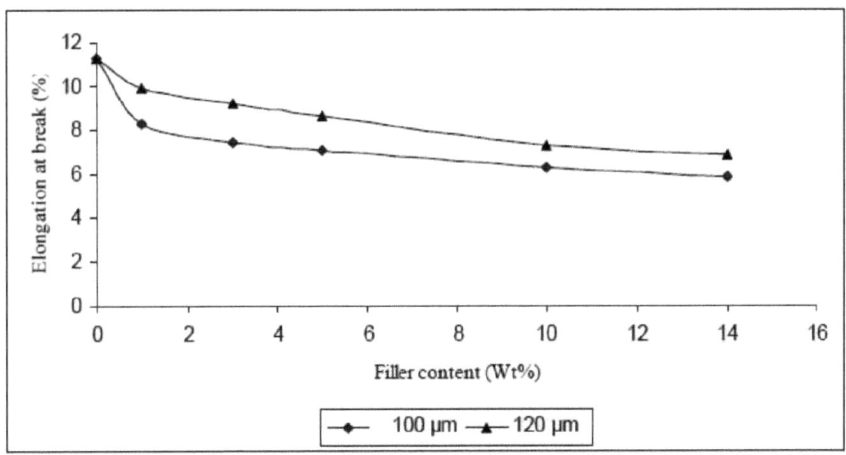

Figura 23,A relação entre a % de alongamento na rutura do PP/LDPE com a percentagem em peso da carga de caulino para diferentes tamanhos de partículas.

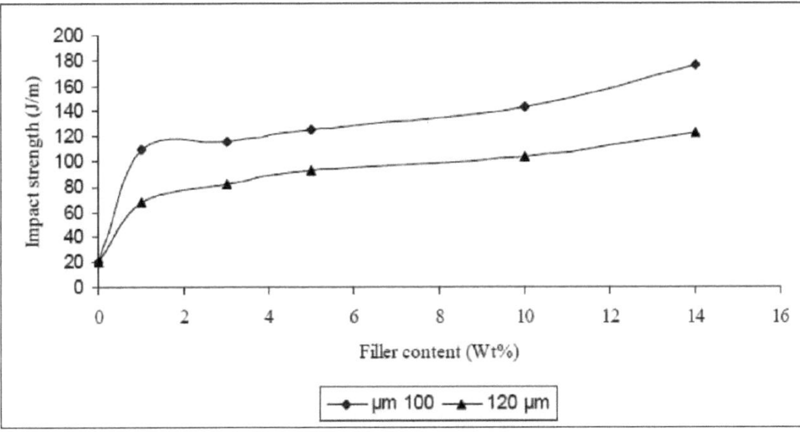

Figura 24: Relação entre a resistência ao impacto do PP/LDPE e a percentagem em peso do caulino para diferentes tamanhos de partículas.

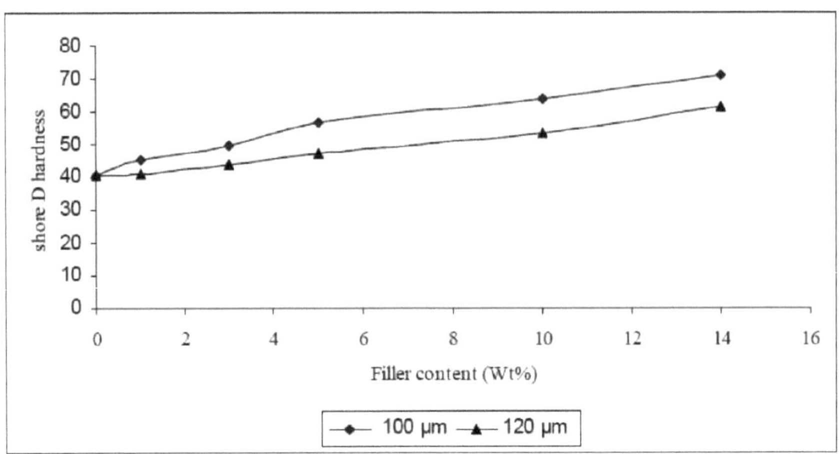

Figura 25, relação entre a dureza Shore D do PP/LDPE e a percentagem em peso da carga de caulino para diferentes tamanhos de partículas

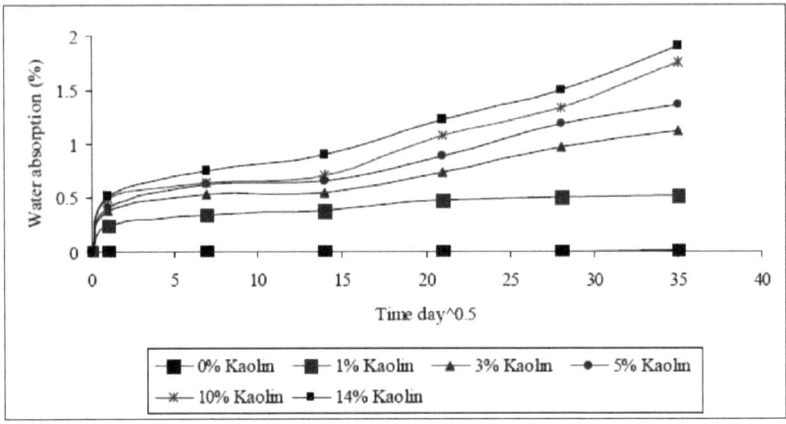

Figura 26, relação entre a % de absorção de água do PP/LDPE com o tempo no valor específico da carga de caulim para 120 µm.

Os parâmetros como a resistência à tração, o módulo de elasticidade e o alongamento na rutura, a tensão de cedência, a resistência ao impacto, a dureza shore D e o teste de absorção de água foram realizados nas amostras preparadas. Os resultados mostraram que a adição de pó de caulino ao polímero leva a um aumento da resistência à tração, do módulo de elasticidade, da dureza shore-D e da resistência ao impacto e diminui a % de alongamento na rutura. O comportamento da absorção de água dos compósitos em função do tempo (dias) também foi investigado e aumenta com o aumento do tempo de imersão para o mesmo teor de carga, enquanto a quantidade de água absorvida aumenta com o aumento da percentagem em peso de caulino a um tempo de imersão constante.

2.2.5 Compósito argila/polietileno de baixa densidade

Zanaib Y. Shnean Nesta investigação, foi preparado um material compósito a partir de polietileno de baixa densidade (LDPE) com diferentes percentagens de peso de grão e caulino calcinado a uma temperatura de (850° C) utilizando uma extrusora de parafuso único e uma máquina de mistura operada a uma temperatura entre (190-200° C). Algumas das propriedades mecânicas e físicas, tais como a resistência à tração, a resistência à tração na rutura, o módulo de Young e o alongamento na rutura, a dureza da superfície e a absorção de água foram determinadas em diferentes fracções de peso de carga (0, 2, 7, 10 e 15%).

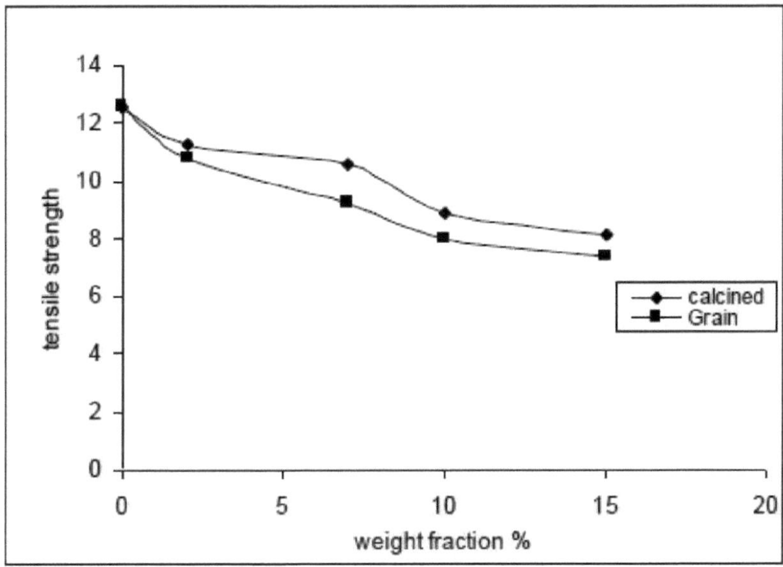

Figura 27. A relação entre a resistência à tração da amostra de LDPE com diferentes percentagens de grão e enchimento de caulino calcinado

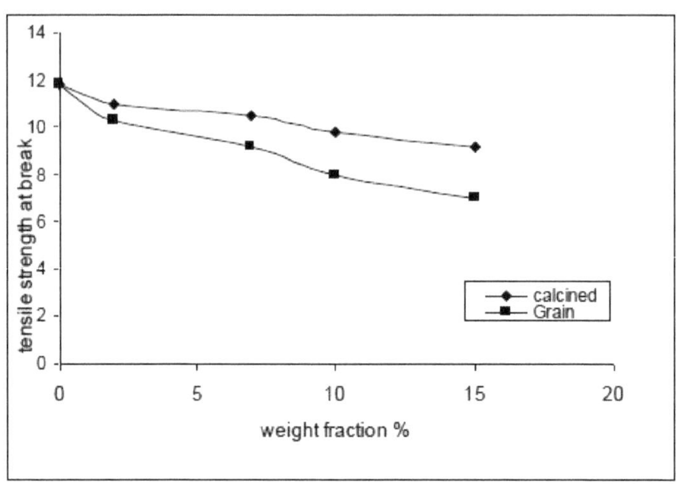

Figura.28. A relação entre a resistência à tração na rutura do LDPE com a fração de peso do grão e o enchimento de caulino calcinado

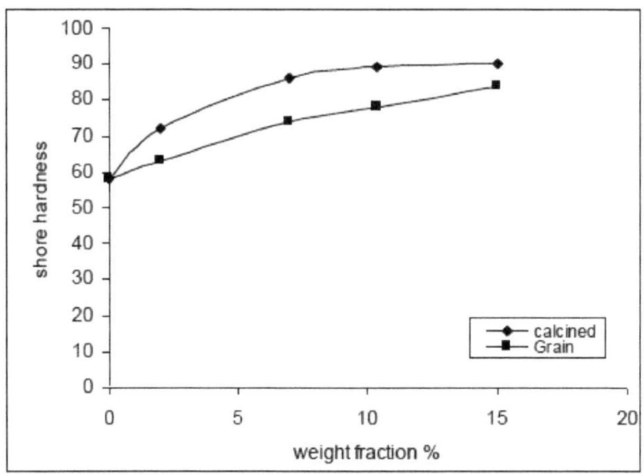

Figura 29. A relação entre a dureza Shore do LDPE com a fração de peso do grão e do enchimento de caulino calcinado.

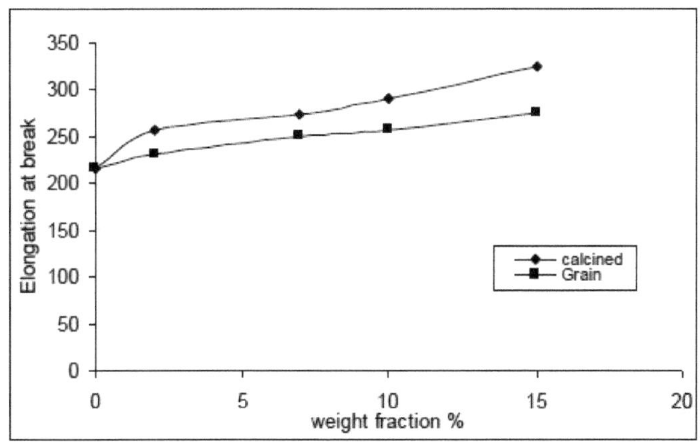

Fig.30. A relação entre o alongamento na rutura do LDPE com a fração de peso do grão e o enchimento de caulino calcinado.

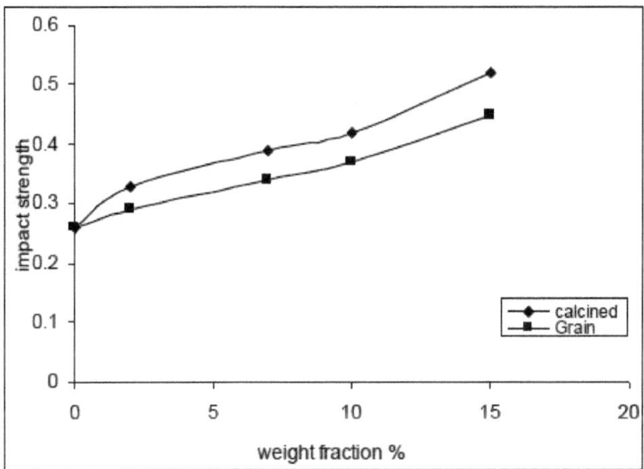

Figura 31. A relação entre a resistência ao impacto do LDPE com a fração de peso do grão e do enchimento de caulino calcinado

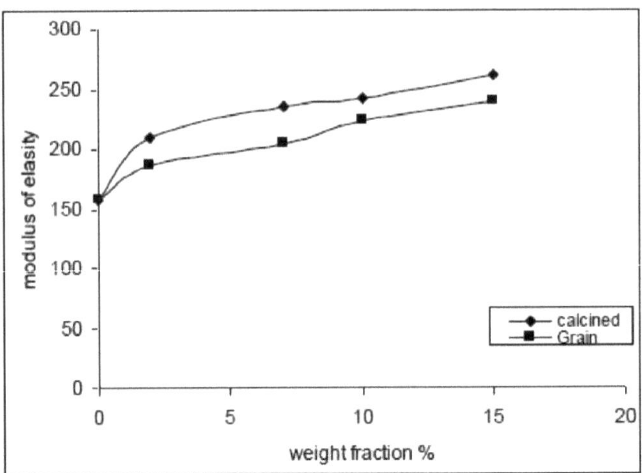

Figura 32. A relação entre o módulo de elasticidade do LDPE com a fração de peso do enchimento de caulino em grão e em calcinação.

Verificou-se que a adição de material de enchimento aumenta o módulo de elasticidade, o alongamento na rutura, a dureza de superfície e a resistência ao impacto; por outro lado, diminui a resistência à tração e a resistência à tração na rutura. Os resultados da absorção mostram que obedece à lei de Fick e que, após a adição de caulino, a quantidade de absorção diminui. A carga de caulino de calcinação produz melhores propriedades mecânicas do que a carga de caulino em grão

2.2.6 Compósito de poliéster insaturado (UP)/fibra de vidro/argila

Kusmono1 e Zainal ArifinMohd Ishak2 etal Os compósitos de poliéster insaturado (UP)/fibra de vidro/argila foram preparados pelo método de colocação manual. O efeito da carga de argila nas propriedades morfológicas e mecânicas dos compósitos UP/fibra de vidro foi investigado neste estudo. A difração de raios X (XRD) foi utilizada para caraterizar a estrutura dos compósitos.

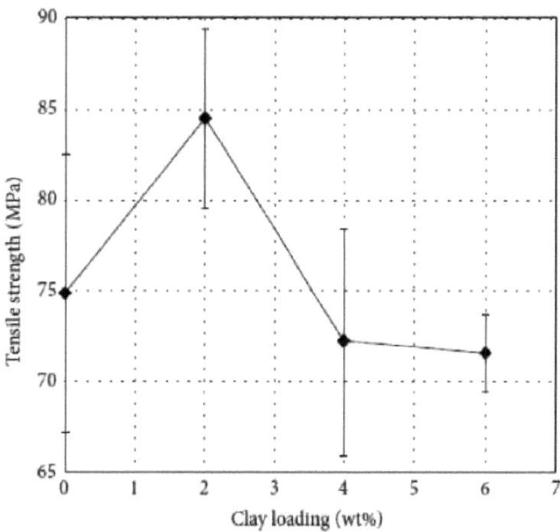

Figura 33: Efeito da carga de argila na resistência à tração dos compósitos UP/fibra de vidro/argila.

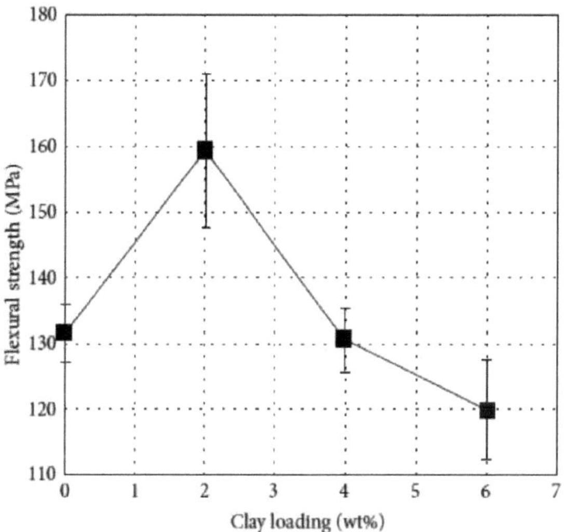

Figura 34: Efeito da carga de argila na resistência à flexão dos compósitos UP/fibra de vidro/argila

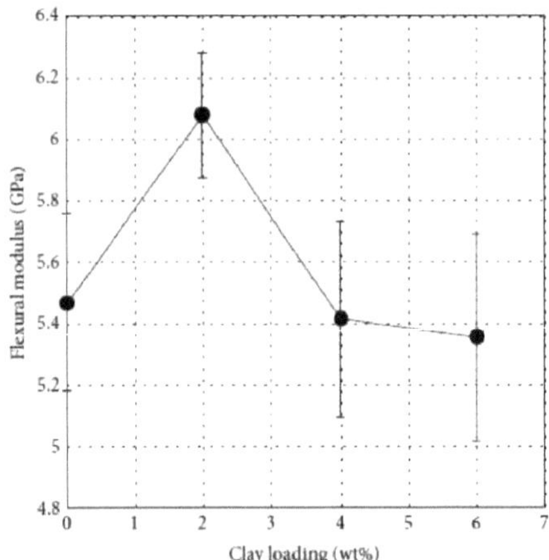

Figura 35: Efeito da carga de argila no módulo de flexão dos compósitos UP/fibra de vidro/argila.

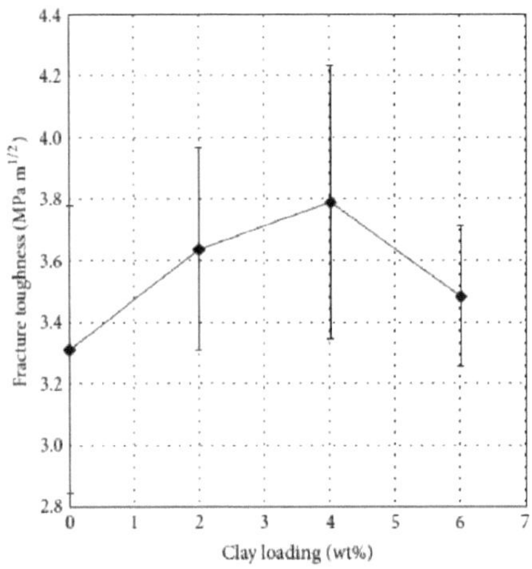

Figura 36: Efeito da carga de argila na resistência à fratura dos compósitos UP/fibra de vidro/argila

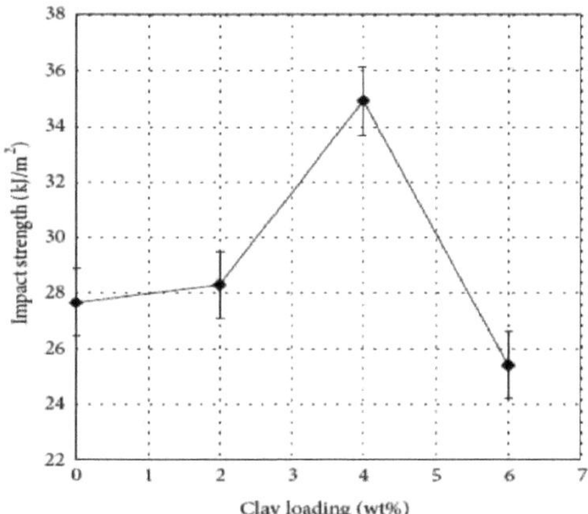

Figura 37: Efeito da carga de argila na resistência ao impacto dos compósitos UP/fibra de vidro/argila.

As propriedades mecânicas dos compósitos foram determinadas por ensaios de tração, flexão, impacto Charpy sem entalhe e resistência à fratura. Os resultados de XRD indicaram que a estrutura esfoliada foi encontrada no compósito contendo 2 wt% de argila, enquanto a estrutura intercalada foi obtida no compósito com 6 wt% de argila. A resistência à tração, a resistência à flexão e o módulo de flexão dos compósitos aumentaram na presença de argila. A carga óptima de argila nos compósitos UP/fibra de vidro foi atingida a 2% em peso, onde a melhoria da resistência à tração, da resistência à flexão e do módulo de flexão foi de aproximadamente 13, 21 e 11%, respetivamente. Por outro lado, os valores mais elevados da resistência ao impacto e da resistência à fratura foram observados nos compósitos com 4wt% de argila.

A combinação de argila e fibra de vidro teve um efeito sinérgico na melhoria da resistência, rigidez e tenacidade da matriz UP.

2.2.7 Analisa a utilização recente da argila natural e dos seus compósitos

Rajani Srinivasan analisa a utilização recente de argila natural e dos seus compósitos como adsorvente eficiente e amigo do ambiente para a remoção de contaminantes orgânicos, inorgânicos e patogénicos da água potável e das suas fontes

Os principais objectivos do documento são

- Realizar uma revisão exaustiva da literatura para realçar a importância da utilização de argila e das suas formas modificadas como adsorventes versáteis e amigos do ambiente para a remoção de contaminantes da água potável e das suas fontes,
- Destacar os tipos de modificação das argilas naturais e os benefícios dessas modificações na remoção dos principais contaminantes emergentes da atualidade,

❖ Analisar a eficiência quantitativa da argila individual e dos seus compósitos na remoção dos vários contaminantes e estudar os efeitos de variáveis como o pH, a temperatura e outras condições que limitam ou aumentam a eficiência adsorvente dos materiais argilosos.

A utilização de materiais argilosos com revestimento de polímeros naturais é muito promissora para o tratamento de águas. A capacidade de adsorção dos minerais argilosos naturais e modificados aumenta com o revestimento de polímeros sobre eles. É necessária mais investigação para obter resultados abundantes na utilização de materiais híbridos de argila e polímeros no tratamento de águas. Outra investigação que necessita de atenção imediata envolve a utilização de argila para a remoção bem sucedida de contaminantes emergentes presentes em quantidades vestigiais na nossa água potável. As actuais tecnologias convencionais de tratamento de água são incapazes de remover os contaminantes emergentes. Atualmente, a investigação neste domínio é escassa. Mas os resultados da investigação disponível são muito promissores no que respeita à utilização de materiais argilosos modificados para o tratamento de contaminantes emergentes sem efeitos tóxicos indesejáveis para o ecossistema.

2.2.8 Pó de sílica com fibra de vidro Chopped Strand Mat-E e resina de poliéster.

Narendra Kumar Attili1, Ch Siva RamaKrishna2 P. Harilal3 & A. Sathakathulla4 etal efectuaram uma investigação sobre materiais compósitos vidro-cerâmica. O objetivo da investigação foi analisar o efeito do teor de pó de sílica no comportamento mecânico do tapete de fios cortados 450 GM reforçado com fibra de vidro. Foram fabricados cinco tipos diferentes de compósitos utilizando 0%wt, 5%wt, 10%wt, 15%wt e 20%wt de pó de sílica com fibra de vidro Chopped Strand Mat-E e resina de poliéster.

O objetivo da investigação é investigar o efeito do pó de sílica com o tapete de fios cortados 450GM para tornar o material compósito mais forte e mais resistente. A investigação é efectuada através da mistura de diferentes percentagens de peso do pó com a resina de poliéster e da preparação de amostras individuais.

O compósito de poliéster Chopped Strand Mat 450 com pó de sílica foi preparado com sucesso como material compósito com cinco percentagens diferentes de peso, nomeadamente 0%wt, 5%wt, 10%wt, 15%wt e 20%wt. A resistência à tração e à flexão do compósito com 0% de pó de sílica é máxima em comparação com 5%, 10%, 15% e 20%. A dureza do compósito de sílica a 5% em peso é máxima em comparação com os compósitos de sílica a 0% em peso, 10% em peso, 15% em peso e 20% em peso. O aumento do pó de sílica leva ao aumento da resistência ao impacto Izod do compósito.

A análise de imagens também pode ser efectuada para observar as alterações na microestrutura do compósito, o que constituirá o âmbito futuro do trabalho. A argila da China, o gesso de Paris, a

Araldite LY556 e o endurecedor HY951 foram utilizados como composição da matriz e as fibras de vidro (TEX 2400) como agente de reforço. A argila da China é a argila capaz de suportar temperaturas elevadas e pode dar uma boa resistência para o fabrico de compósitos. O gesso de Paris é um material de construção semelhante ao cimento. Confere uma boa dureza ao laminado compósito. O gesso permanece bastante macio depois de endurecido. As resinas epoxídicas, com a sua excelente adesão, baixa retração e elevadas propriedades mecânicas, eléctricas e de resistência química, são particularmente úteis no fabrico de compósitos. Pode ser utilizada uma grande variedade de filetes com o sistema epóxi para reduzir o custo, a contração, o coeficiente de expansão térmica e a duração do fabrico. Pode também proporcionar um elevado poder de resistência à reação química e evitar a degradação do material. As fibras de vidro utilizadas são do tipo E de baixa alcalinidade, o que confere à peça fabricada a melhor resistência a longo prazo e propriedades de resistência às intempéries. As propriedades mecânicas dos laminados de fibra de vidro dependem pouco da quantidade e da orientação da fibra de vidro utilizada. Tem baixo peso, alta resistência, alta resistência, corrosão, fortes propriedades de fadiga, material robusto, menos frágil e boa capacidade de ser fabricado.

Figura 38: Após o ensaio de tração da argila da China

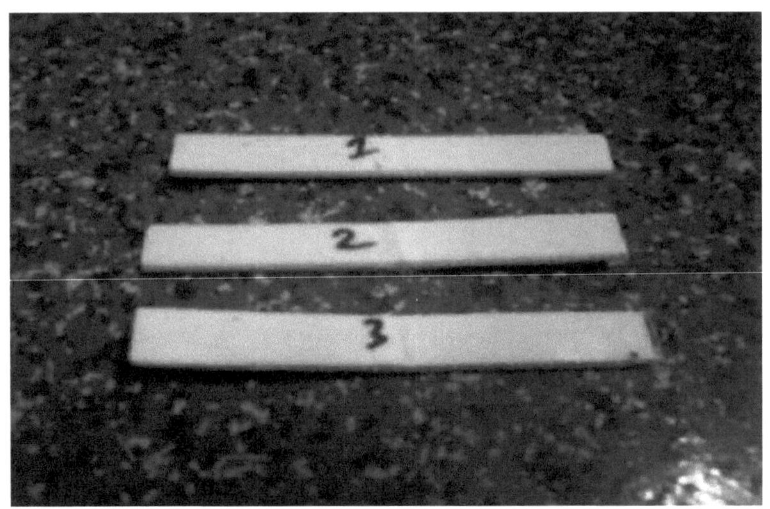

Figura 39,Após o ensaio de flexão do gesso de paris

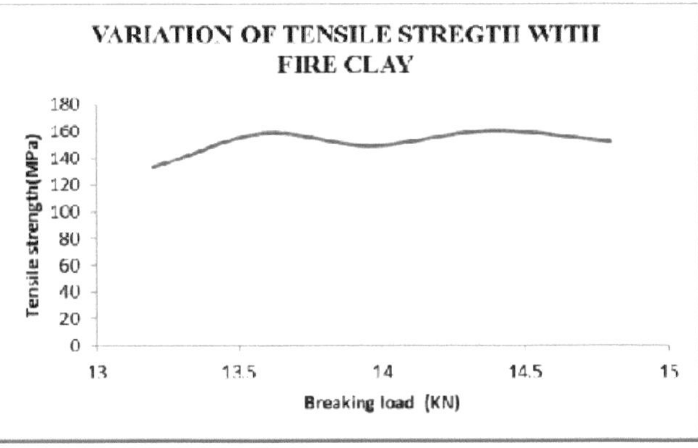

Figura 40 Variação da resistência à tração com a argila refractária

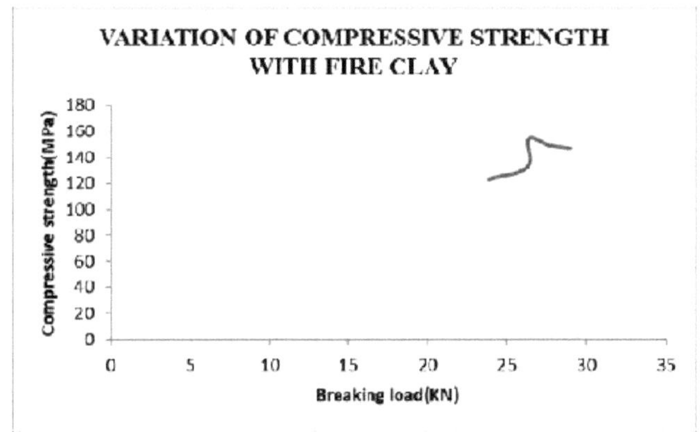

Figura 41 Variação da resistência à compressão com a argila refractária

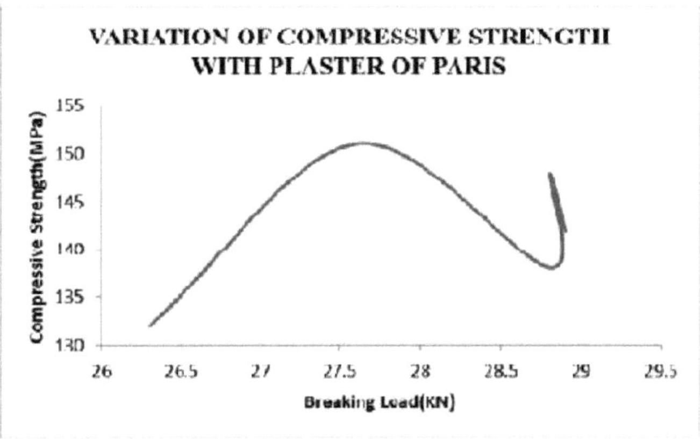

Figura 42 Variação da resistência à compressão com gesso de Paris

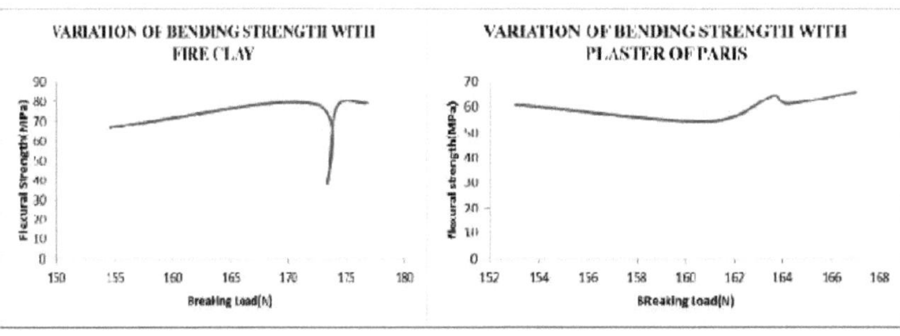

Figura 43 Variação da resistência à flexão com argila refractária e gesso cartonado

Os compósitos de fibra de vidro reforçados com matriz cerâmica foram fabricados pela técnica de colocação manual. A cerâmica tem bons efeitos de reforço e endurecimento. A argila chinesa tem um bom reforço, uma boa rigidez e uma boa expansão térmica. O gesso de paris também proporciona uma boa resistência e rigidez. As propriedades mecânicas da fibra de vidro reforçada com compósitos de matriz cerâmica podem ser muito melhoradas pela adição de argila da China e gesso de Paris. A incorporação de 30% de resina epóxi com endurecedor proporciona uma boa resistência à flexão e outras propriedades mecânicas.

2.2.9 Comentários Desenvolvimentos de vitrocerâmica a partir de resíduos

R .D. Rawlings, J. P. Wu, A. R. Boccaccini* analisa a evolução da vitrocerâmica a partir de resíduos, utilizando diferentes métodos de processamento, trabalhos de investigação e desenvolvimento efectuados a nível mundial nos últimos 40 anos. Apenas a fração fina da argila de caulino extraída é utilizada para a produção de porcelana. A fração grosseira que resta após o processo de refinação é normalmente enterrada de novo como resíduo. Dada a sua composição, que consiste principalmente em quartzo, caulinite, feldspato e mica, é uma matéria-prima adequada para a cerâmica de vidro. As investigações discutidas neste documento demonstram o potencial de transformar resíduos de silicato em produtos vitrocerâmicos úteis. O processo geral envolve a vitrificação de um resíduo de silicato, ou de uma mistura de resíduos, seguida de cristalização para formar um compósito vitrocerâmico.

2.2.10Compósito de argila/poipropileno da China

S .Selva Sajithaa, J. Steffib, O principal objetivo da sua investigação foi estudar as caraterísticas de resistência do betão através da substituição do cimento por argila da China e da adição de fibra de polipropileno. Foram substituídas várias proporções (10%, 20%, 30%, 40%) de argila da China por cimento e foi adicionada 0,5% de fibra de polipropileno. A fim de melhorar a trabalhabilidade, foi adicionado 0,2% de super plastificante. Para este trabalho foi utilizado o betão M25. A resistência à compressão, a resistência à tração por compressão e a resistência à flexão aumentaram cerca de 27%, 40% e 30% mais do que o betão convencional.

Quadro 1

Resultado do teste

ID da mistura	Resistência à compressão N/mm $7^{2\ th}$ dia	Resistência à compressão N/mm^2 28th dia	Resistência à rutura N/mm^2	Resistência à flexão N/mm^2
M0	16.78	24.98	1.86	6.05
M1	19.06	28.53	2.20	7.36
M2	20.97	31.82	2.61	7.87
M3	19.46	29.13	2.43	7.63
M4	17.86	26.67	2.29	7.20

Com 20% de substituição de cimento por argila chinesa e adição de 0,5% de fibra de polipropileno, a resistência à compressão aumenta cerca de 27% mais do que o betão convencional. Isto deve-se à finura da argila chinesa que preenche os vazios no betão e ao bom efeito de ligação da fibra.

2.2.11Compósito caulino-fibra de sisal-epóxi

M. Dagwal; K. K Adama2,*; A. Gadu3 e N. O. Alu4 R.Gnanasekar 5 etal efectuaram uma investigação sobre o material compósito híbrido de fibras naturais de caulino e sisal. Nesta investigação, as propriedades de tração e dureza do compósito caulino-fibra de sisal-epóxi foram avaliadas utilizando métodos normalizados. O epóxi tipo 3354A com o seu endurecedor foi misturado na proporção de 2:1. Partículas de caulino calcinado com tamanho médio de 35pm e fibra de sisal de 3-4mm foram adicionadas à matriz epóxi durante o fabrico do compósito numa proporção de: 60/40 wt %, 60/30/10 wt %, 60/20/20 wt %, 60/10/30 wt % para a matriz, fibra e caulino, respetivamente

Quadro dois

Designação e composição pormenorizada dos compósitos

Designação	Composição
Amostra A	Epóxi (60%) + Endurecedor (40%)
Amostra B	Epóxi / Endurecedor (60%) + Fibra de Sisal (40% em peso) + Caulino (0%)
Amostra C	Epóxi / Endurecedor (60%) + Fibra de sisal (30% em peso) + Caulino (10%)
Amostra D	Epóxi / Endurecedor (60%) + Fibra de sisal (20% em peso) + Caulino (20%)
Amostra E	Epóxi / Endurecedor (60%) + Fibra de sisal (10% em peso) + Caulino (30%)

Figura 44, Fibra de sisal cortada e tratada

Figura 45, Amostras compostas

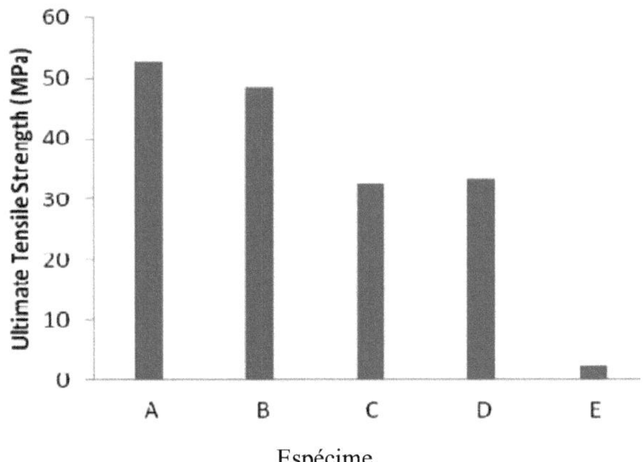

Figura 46, Resistência à tração final do compósito fabricado

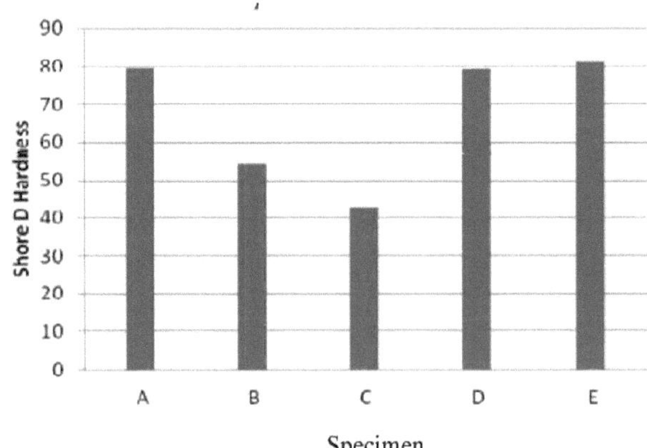

Figura 47, Shore D versus composição da amostra

Os resultados mostraram que a adição de caulino e de fibra de sisal afectou as propriedades mecânicas da resina epoxídica. As propriedades de tração e dureza aumentaram proporcionalmente com a quantidade de fibra e inversamente proporcional ao teor de caulino. Estas são atribuídas ao nível de força de ligação entre as adesões interfaciais fibra-matriz-particula

A resistência à tração aumentou com o aumento da carga de fibra de sisal. O aumento da carga de caulino produziu uma melhoria na dureza. Este facto foi atribuído à presença de quartzo (SiO2), que é o principal constituinte do caulino. No entanto, a resistência à tração do compósito diminuiu com o aumento do caulino devido à fraca adesão entre o caulino e a matriz para uma transferência de carga eficaz para a fibra de sisal e também a resistência à compressão e a resistência ao impacto do compósito híbrido de poliéster insaturado à base de sisal/aditivos de vidro foram estudadas em função do teor de fibra. Observa-se que a resistência à compressão e ao impacto do componente híbrido sisal/aditivos de vidro é superior à do compósito reforçado com fibra de sisal, mas inferior à do compósito reforçado com vidro. Quando a carga é aplicada no compósito híbrido de sisal/aditivos de vidro, primeiro a fibra de sisal falha e depois a carga é transferida para a fibra de vidro. Assim, a presença de aditivos de vidro no compósito híbrido de sisal/aditivos de vidro melhora a resistência ao impacto e à compressão. Ao mesmo tempo, a presença de fibra de sisal no compósito híbrido faz com que a resistência à compressão e ao impacto diminua em relação ao compósito de fibra de vidro. O efeito dos aditivos na resistência à compressão e ao impacto do compósito híbrido aditivado com sisal/vidro também foi estudado e observou-se que, à medida que a quantidade de aditivos por peso de resina aumenta, as resistências à compressão e ao impacto diminuem. Assim, pode concluir-se que, com uma investigação sistemática e persistente, haverá uma boa margem de manobra e um melhor futuro para os compósitos de fibra de sisal-poliéster nos próximos anos.

2.2.12 Compósito híbrido de polipropileno constituído por palha de trigo e argila

Amirpouyan Sardashti, investigou a preparação de um compósito híbrido de polipropileno constituído por palha de trigo e argila. Foi efectuado um estudo pormenorizado sobre a palha de trigo da região do Sudoeste do Ontário. Foi investigado o efeito da moagem da palha e da sua composição com polipropileno. Foram efectuadas experiências para identificar a estabilidade térmica da palha de trigo moída em função do seu tamanho e composição. Era importante identificar uma correlação entre estas propriedades de modo a minimizar a degradação da palha pelo processamento e também para melhorar as propriedades finais do compósito híbrido.

Os resultados do estudo indicaram que a moagem da palha de trigo com um moinho de martelos produziu partículas com diferentes tamanhos e formas. Verificou-se que, através do sistema de moagem, todas as partículas, independentemente do seu tamanho, tinham uma estrutura multi-camadas semelhante à estrutura da planta. Além disso, a moagem com martelo não produziu partículas vegetais com rácios de aspeto longos que seriam esperados num processo de desfibrilhação.

A análise da composição química das partículas de palha de trigo de diferentes tamanhos e formas foi utilizada para medir a proporção de hemicelulose: lenhina e o teor de cinzas. Verificou-se que as partículas grandes continham maior quantidade de lenhina, enquanto as partículas mais pequenas tinham maior quantidade de cinzas. Verificou-se que a estabilidade térmica das partículas é função da dimensão das partículas e não do teor de lenhina. A análise granulométrica das partículas de palha de trigo após o processo de extrusão indicou uma redução do comprimento das partículas e do rácio de aspeto.

Os compósitos de palha de trigo-argila-polipropileno (WSCPPC) foram preparados pelo método de mistura por fusão, utilizando um microcompounder Haake Minilab (Minilab) da Thermo Electron Corporation, uma extrusora cónica de rosca dupla corotante. As condições de funcionamento da extrusora foram fixadas em 190 oC e 40 rpm. Todos os componentes do compósito - palha de trigo, polipropileno, argila, agente de acoplamento e antioxidantes - foram misturados à mão para obter uma mistura uniforme antes de alimentar a extrusora. À medida que a mistura de componentes passava pelos parafusos da extrusora de parafuso duplo, ocorria a fusão e a mistura e um extrudado homogeneizado saía pelo orifício de descarga. O extrudado foi cortado em pedaços mais pequenos, próprios para a fase seguinte de processamento, com uma tesoura

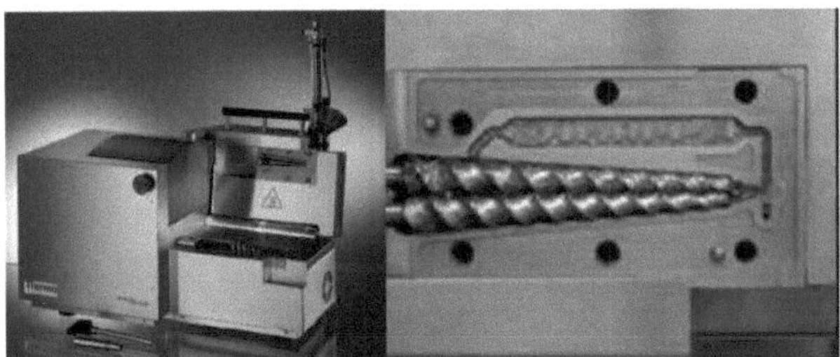

Figura 48 Microcompilador Haake Minilab utilizado para a composição de WSCPPCs (à esquerda) e respectivos parafusos cónicos (à direita)

Figura 49 Pellets de WSCPP obtidos a partir do processo de composição por Minilab

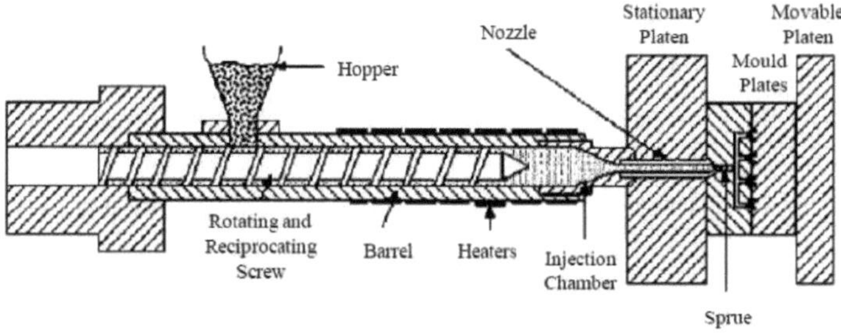

Figura 50 Unidade de moldagem por injeção de parafusos

Figura 51, Barras de amostras de WSCPP obtidas do processo de moldagem por injeção

Com base nos resultados obtidos neste estudo, pode-se concluir que a preparação e a utilização de compósitos híbridos feitos de palha de trigo, argila e polipropileno têm um grande potencial para serem usados em indústrias como a dos transportes e a da construção civil. Para melhorar as propriedades térmicas e estruturais dos compósitos, os seguintes itens devem ser considerados:

> Modificar o sistema de moagem de modo a minimizar os danos estruturais causados pela moagem com martelo.

> Modificação química, mecânica ou térmica da palha de trigo com o objetivo de: Aumentar a adesão entre a fibra natural e a matriz; a estabilidade térmica das partículas de palha de trigo; Diminuir a afinidade para a absorção de água e o odor natural da palha de trigo.

> Modificar as condições de processamento do compósito de modo a: Minimizar os danos no material de enchimento causados pelo calor e pelas forças de cisalhamento e também maximizar a intercalação da argila; otimizar a homogeneidade do compósito.

> Investigar as propriedades dos compósitos numa escala de produção maior, especialmente no que diz respeito à dispersão do material de enchimento e à facilidade de processamento

2.2.13Compósitos de polietileno-caulino-argila

Yaw Delali Bensah, Benjamin Agyei-Tuffour, Lucas N. W. Damoah e Johnson K. Efavi etal efectuaram uma investigação sobre a composição por fusão. Neste trabalho, foi desenvolvida com êxito uma abordagem modificada à composição por fusão para estudar a dispersão de partículas de caulino em polietileno e as propriedades dos compósitos de argila polietileno-caulino. O processo envolveu a utilização da técnica de composição por fusão com um lípido vegetal que actua como meio de fusão com a capacidade de aumentar a miscibilidade do polietileno com o caulino, necessária para melhorar a resistência do compósito polietileno-caulino. Foram formulados oito lotes de composições diferentes e fundidos a 245° C. Foram estudadas todas as propriedades térmicas e mecânicas, bem como a microestrutura dos compósitos. As comparações dos compósitos com o polietileno-lípido puro mostraram uma melhoria da temperatura de transição vítrea (Tg) e das temperaturas de decomposição térmica como resultado de alterações na estrutura química. As adições proporcionais de caulino não alteraram a temperatura de cristalização (Tc) das misturas, em comparação com a mistura de polietileno-lípido original. A incorporação de 60% de caulino em peso na matriz de polietileno-lípido melhorou significativamente as propriedades mecânicas dos compósitos até ao seu pico, tendo sido medido um aumento da resistência à compressão de 2,0 a 8,7 MPa. A análise por microscopia eletrónica de varrimento (SEM) mostra a formação de um emaranhado semelhante a uma teia, causado pela dispersão das partículas de caulino na matriz. A modificação química da estrutura do polietileno com a ajuda de um lípido para formar compósitos foi investigada com êxito e relatada pela primeira vez. O lípido foi importante para gerar compósitos de polietileno-caulino por fusão e a capacidade do polietileno para se dissolver no lípido facilitou a dispersão do caulino na matriz.

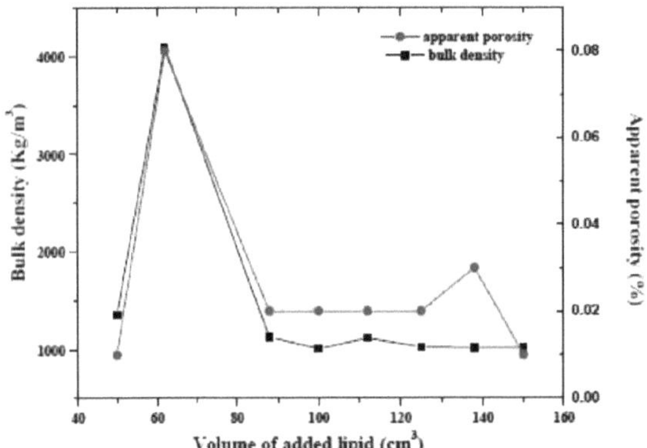

Figura 52, Densidade aparente e porosidade aparente dos lotes de compósitos formados com diferentes teores de lípidos.

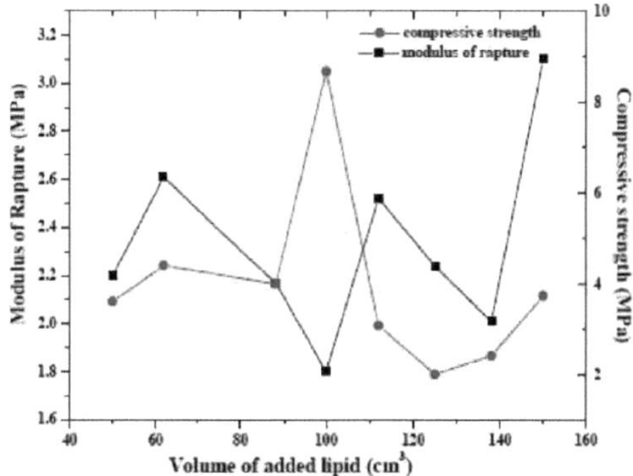

Figura-53. Módulo de rutura e resistência à compressão dos lotes de compósitos formados com diferentes teores de lípidos.

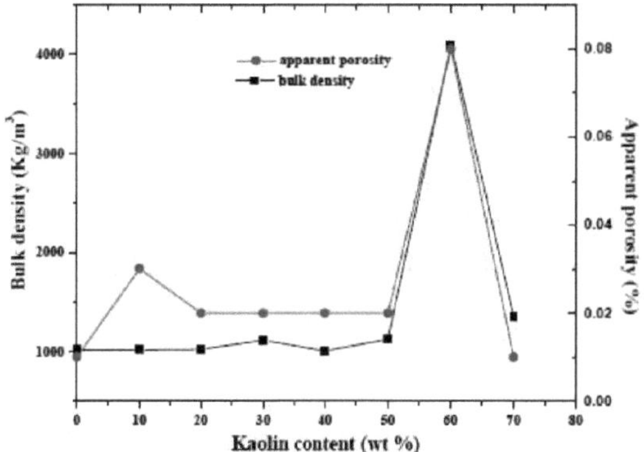

Figura 54, Densidade a granel e porosidade aparente dos lotes de compósitos formados em função da quantidade de carga de caulim.

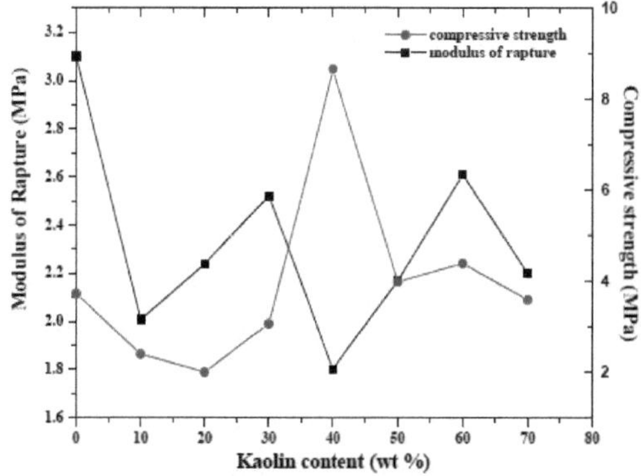

Figura 55, Módulo de rutura e resistência à compressão dos lotes de compósitos formados em função do teor lipídico.

Os resultados preliminares indicam que a densidade aparente resultante, a porosidade aparente, o módulo de rutura e a resistência à compressão são sensíveis à estrutura do polietileno, ao teor de lípidos e de argila.

A adição de caulino à matriz de polietileno melhorou as propriedades termo-mecânicas da matriz de polietileno. Foram medidos para o compósito valores de resistência à compressão e de módulo de rutura até 8,7 MPa e 2,61 MPa, respetivamente. A análise por microscopia eletrónica de varrimento mostrou uma melhor dispersão das partículas de caulino, que depende da elevada relação caulino/lípido.

O trabalho futuro consistirá em otimizar as misturas de polietileno-caulino-lípido e em polimerizar o lípido no polietileno para melhorar as propriedades do material. Os efeitos da agitação na mistura e a utilização de caulino nanométrico também seriam investigados.

2.2.14. Compósitos borracha/argila

Nivin M. Ahmed* e Salwa H. El-Sabbagh etal efectuaram uma investigação sobre compósitos de borracha-argila que se estão a difundir devido ao seu elevado desempenho, custo reduzido, elevada resistência à tração e estabilidade térmica. O caulino é uma argila de alumino-silicato que contém y-alumina na sua estrutura natural. Neste estudo, o processo de dopagem com molibdato de amónio foi realizado no caulino para converter a y-alumina que se encontra naturalmente nele em a-alumina, que é uma fase mais estável que não é afetada pelo meio circundante. Tanto o caulino como o caulino dopado foram incluídos em compósitos de borracha de estireno-butadieno (SBR) para estudar as caraterísticas de cura, a morfologia, as propriedades mecânicas e térmicas destes compósitos. Os SBR que contêm caulino dopado apresentaram melhores propriedades do que os que contêm caulino devido à alteração do tamanho das partículas de carga, que é menor no caso do caulino dopado, levando a uma maior homogeneidade da dispersão da carga no SBR, o que, consequentemente, causou uma alteração nas propriedades dos compósitos SBR/caulino dopado.

Neste trabalho, foram adicionadas ao caulino diferentes concentrações de molibdato de amónio como dopante para alterar a fase da alumina no seu interior e, em seguida, tanto o caulino como o caulino dopado foram utilizados como cargas de reforço em compósitos de borracha de estireno-butadieno (SBR). As propriedades reométricas, mecânicas e térmicas dos compósitos formados foram avaliadas para apontar a melhor concentração de dopante que pode levar a melhores propriedades dos compósitos e a carga óptima destas cargas em SBR que pode levar a compósitos de maior desempenho.

O comportamento de inchaço da SBR contendo caulim dopado foi melhor do que o da SBR contendo caulim; isto deve-se às partículas mais pequenas do caulim dopado que impedem a penetração do tolueno na matriz. Além disso, deve-se à melhor interação do caulino dopado com a borracha, em comparação com a do caulino.

Os estudos térmicos mostraram que o caulino dopado foi o melhor na sua estabilidade térmica, deixando o resíduo mais elevado.

A adição de caulino dopado à SBR melhorou a tração e a dureza, sendo as propriedades óptimas as exibidas pelos compósitos SBR/K4 contendo caulino dopado com 0,08 mol% de molibdato de amónio. Este aumento das propriedades foi atribuído à forte interação da interface entre a matriz de borracha e o material de enchimento.

2.2.15. Fibra de vidro - matriz de resina polimérica.

Manjunath Shettar1, Pavan Hiremath1 etal, Nos últimos anos, os compósitos de materiais poliméricos avançados são utilizados para fabricar um barco de pesca em fibra de vidro com resina de poliéster. Para melhorar as propriedades do GFRP, neste trabalho, o cimento foi utilizado como material de enchimento com fibra de vidro - matriz de resina de poliéster.

Quando as partículas de sílica são adicionadas a uma matriz de polímero para formar um compósito, desempenham um papel importante na melhoria das propriedades eléctricas, mecânicas e térmicas dos compósitos. Os compósitos foram fabricados variando a percentagem de peso de cimento no material da matriz, 0 wt%, 5 wt% e 10 wt%, respetivamente. Os compósitos foram fabricados por processo de colocação manual, seguido de moldagem por compressão. De acordo com as normas ASTM, os provetes foram preparados e estudados experimentalmente quanto às propriedades mecânicas. Os resultados foram comparados para diferentes percentagens de material de enchimento. Observou-se que a adição de cimento conduziu a um aumento das propriedades mecânicas do GFRP.

Verificou-se que as propriedades mecânicas dos compósitos, tais como a resistência à tração, a resistência à flexão, a resistência ao impacto e a dureza dos compósitos, são também muito influenciadas pelo teor de carga.

Figura 56: Porção do casco de um barco revestida com PRFV

CAPÍTULO 3

3.1. Conclusão

A prospeção, a exploração e a utilização dos depósitos de caulino identificados foram desenvolvidas através de investigação experimental. Significativamente, a investigação explorou as propriedades caraterísticas do mineral caulino, a fim de complementar as áreas de aplicação existentes no desenvolvimento de pastilhas de travão. O estudo também determinou novas áreas de aplicação em compósitos de caulino e matriz de vidro com a utilização das propriedades térmicas caraterísticas do caulino. Descobriu também as potencialidades da utilização do caulino como partículas reforçadas na produção de material de revestimento de fricção. Os projectistas industriais, os engenheiros e os investigadores devem estudar intensivamente outras argilas nas áreas governamentais locais do Estado de Ekiti, na Nigéria, por razões geoestratégicas e de aplicação científica e industrial. Os resultados da investigação acabaram por ser obtidos a partir de todas as experiências, havendo uma elevada percentagem de óxido de alumínio e dióxido de silício. Estes óxidos refractários podem ser tecnicamente utilizados como material de revestimento de fricção devido às suas caraterísticas térmicas muito elevadas, a razões médicas, ao respeito pelo ambiente e a considerações económicas na produção de pastilhas de travão de disco para automóveis.

A utilização de materiais argilosos com revestimento de polímeros naturais é muito promissora para o tratamento de águas. A capacidade de adsorção dos minerais argilosos naturais e modificados aumenta com o revestimento de polímeros sobre eles. É necessária mais investigação para obter resultados abundantes na utilização de materiais híbridos de argila e polímeros no tratamento de águas. Outra investigação que necessita de atenção imediata envolve a utilização de argila para a remoção bem sucedida de contaminantes emergentes presentes em quantidades vestigiais na nossa água potável. As actuais tecnologias convencionais de tratamento de água são incapazes de remover os contaminantes emergentes. Atualmente, a investigação neste domínio é escassa. Mas os resultados da investigação disponível são muito promissores para a utilização de materiais argilosos modificados para o tratamento de contaminantes emergentes sem efeitos tóxicos indesejáveis para o ecossistema. O trabalho futuro consistirá em otimizar as misturas de polietileno-caulino-lípido e em polimerizar o lípido no polietileno para melhorar as propriedades do material. Os efeitos da agitação na mistura e a utilização de caulino nanométrico também seriam investigados.

O compósito de poliéster Chopped Strand Mat 450 com pó de sílica foi preparado com sucesso como material compósito com cinco percentagens diferentes de peso, nomeadamente 0%wt, 5%wt, 10%wt, 15%wt e 20%wt. A resistência à tração e à flexão do compósito com 0% de pó de sílica é máxima em comparação com 5%, 10%, 15% e 20%. A dureza do compósito de sílica a 5% em peso é máxima em comparação com os compósitos de sílica a 0% em peso, 10% em peso, 15% em peso e 20% em peso. O aumento do pó de sílica leva ao aumento da resistência ao impacto Izod do compósito. Com base nos resultados obtidos, pode concluir-se que a preparação e a utilização de compósitos híbridos feitos de palha de trigo, argila e polipropileno têm um grande potencial para serem utilizados em sectores como os transportes e a construção.

Referências

1. (Aderiye Jide) Material mineral de caulim para a indústria de fabrico de pastilhas de travão de cerâmica para automóveis

2. (Ruth Matba Gadzamal*, U. A. A. Sullayman2, A. M. Ahuwan2, D. S. Yawaz3) Desenvolvimento e caraterização de um compósito de matriz cerâmica (CMC) a partir de caulino nigeriano Kankara e enchimento de ferro fundido cinzento

3. (Kusmonol e Zainal ArifinMohd Ishak2) Efeito da adição de argila nas propriedades mecânicas de compósitos de poliéster insaturado/fibra de vidro

4. (Rajani Srinivasan) Avanços na aplicação de argilas naturais e seus compósitos na remoção de contaminantes biológicos, orgânicos e inorgânicos da água potável

5. (Samir Nassaf Mustafa) Efeito do caulino nas propriedades mecânicas do material compósito de polipropileno/polietileno

6. (Narendra Kumar Attili*1, Ch Siva RamaKrishna2) Investigação experimental e análise das propriedades mecânicas de um compósito de fibras de vidro, resina de poliéster e pó de sílica

7. (R. D. Rawlings, J. P. Wu, A. R. Boccaccini*) vitrocerâmica: sua produção a partir de resíduos. uma revisão

8. (S.Selva Sajithaa, J. Steffib) Efeito da argila da China no betão reforçado com fibras de polipropileno

9. (I. M. Dagwal; K. K Adama2,*; A. Gadu3 e N. O. Alu4) Avaliação das propriedades de tração e dureza do compósito caulino-fibra de sisal-epóxi

10.(Aderiye Jide) Caracterização das partículas de argila de caulinite de Kankara da Nigéria para o desenvolvimento de material de revestimento de fricção para automóveis

11.(Zanaib Y. Shnean) Efeito do grão e da calcinação de aditivos de caulino em algumas propriedades mecânicas e físicas de compósitos de polietileno de baixa densidade.

12.(P. Harilal* & A. Sathakathulla**) Investigação experimental do compósito de matriz cerâmica reforçada com fibra de vidro (fibra de vidro com argila da China e gesso de Paris)

13.(Amirpouyan Sardashti), Compósitos híbridos de palha de trigo, argila e polipropileno, 2009

14.(Aderiye Jide) Desenvolvimento de Argila Refractária Calcinada Adequada para Pastilhas de Travões de Automóveis 2014,

[15] (Sylvester O. Omole*, Abel A. Barnabas, John F. Akinfolarin) Produção e avaliação de

compósitos de matriz cerâmica e metálica por metalurgia do pó, 2015

[16] Yaw Delali Bensah, Benjamin Agyei-Tuffour, Lucas N. W. Damoah e Johnson K. Efavi Processamento de resíduos de polietileno em compósitos polímero-cerâmicos através de composição por fusão assistida por lípidos, 2012

[17] (Nivin M. Ahmed* e Salwa H. El-Sabbagh) A influência do caulim dopado nas propriedades dos compósitos de borracha de estireno-butadieno, 2015

(18) Manjunath Shettar1, Pavan Hiremath1, N S mohan1, Vithal rao Chauhan2, Nikhil r3 Fabrico e estudo experimental das propriedades mecânicas do GFRP com cimento como material de enchimento para aplicação em barcos de pesca, 2015

[19] (R.Gnanasekar) Influência dos aditivos no comportamento mecânico da fibra natural-poliéster, 2015

Printed by Books on Demand GmbH, Norderstedt / Germany